AUSTRILIA SENIOR SCHOOL
MATHEMATICAL COMPETITION
QUESTIONS AND ANSWERS,
HIGH VOLUME, 1978-1984

澳大利亚中学
数学竞赛试题及解答

高级卷　　1978—1984

● 刘培杰数学工作室 编

哈尔滨工业大学出版社
HARBIN INSTITUTE OF TECHNOLOGY PRESS

内容简介

本书收录了 1978 年至 1984 年澳大利亚中学数学竞赛高级卷的全部试题,并且给了这些试题的详细解答,其中有些题目给出了多种解法,以便读者加深对问题的理解并拓宽思路.

本书适合中学生、中学教师及数学爱好者参考阅读.

图书在版编目(CIP)数据

澳大利亚中学数学竞赛试题及解答. 高级卷. 1978—1984/刘培杰数学工作室编. — 哈尔滨:哈尔滨工业大学出版社,2019.5

ISBN 978-7-5603-7962-3

Ⅰ.①澳… Ⅱ.①刘… Ⅲ.①中学数学课-题解 Ⅳ.①G634.605

中国版本图书馆 CIP 数据核字(2019)第 015133 号

策划编辑	刘培杰 张永芹
责任编辑	张永芹 邵长玲
封面设计	孙茵艾
出版发行	哈尔滨工业大学出版社
社　　址	哈尔滨市南岗区复华四道街 10 号　邮编 150006
传　　真	0451-86414749
网　　址	http://hitpress.hit.edu.cn
印　　刷	哈尔滨市石桥印务有限公司
开　　本	787mm×960mm　1/16　印张 10.5　字数 103 千字
版　　次	2019 年 5 月第 1 版　2019 年 5 月第 1 次印刷
书　　号	ISBN 978-7-5603-7962-3
定　　价	28.00 元

(如因印装质量问题影响阅读,我社负责调换)

目录

第 1 章　1978 年试题　//1

第 2 章　1979 年试题　//16

第 3 章　1980 年试题　//34

第 4 章　1981 年试题　//51

第 5 章　1982 年试题　//72

第 6 章　1983 年试题　//93

第 7 章　1984 年试题　//117

编辑手记　//136

第1章　1978年试题

1. 如果
$$\log_2((\log_{16}2)^{(\log_5 125)}) = -a$$
则 a 的值是(　　).

　　A. 0　　　　B. 1　　　　C. -3

　　D. 6　　　　E. $\dfrac{1}{4}$

解　$-a = \log_2((\log_{16}2)^{(\log_5 125)})$
　　　　$= \log_2\left(\left(\dfrac{1}{4}\right)^3\right)$
　　　　$= \log_2(2^{-6})$
　　　　$= -6$　　　　　　　　(D)

2. 一个平面图形由一个圆和与此圆相切的两平行线组成. 该平面上到此圆和两直线等距离的点的个数是(　　).

　　A. 1　　　　B. 2　　　　C. 3

　　D. 无穷　　　E. 以上皆非

解　如图1,设该圆有半径 r,则两条直线间的距离是 $2r$. 到这两条直线等距离的点的轨迹是与这两条直线相距 r 的一条直线. 与该圆相距 r 单位的点是那些在以 B 为心、半径为 $2r$ 的圆上的点以及 B. 这两条轨迹

1

相交于 A,B 和 C.

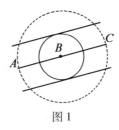

图1

(C)

3. 实数 $(|x|-1)(1+x)$ 是正的,如果( ).
A. $x > 1$　　B. $|x| > 1$　　C. $x < -1$ 或 $x > 1$
D. $x > 0$　　E. $-1 < x < 1$

解法1　（ⅰ）如果 $x \geq 0$,则 $|x| = x$ 且 $(|x|-1)(1+x) = (x-1)(x+1) > 0$ 当 $x > 1$ 或 $x < -1$. 所以解是 $\{x : x > 1\}$.

（ⅱ）如果 $x < 0$,则 $|x| = -x$,且 $(|x|-1)(1+x) = -(x+1)^2 \leq 0$,对所有实数 x. 所以 $(|x|-1)(1+x) > 0$ 当且仅当 $x > 1$.

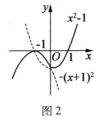

图2

(A)

解法2　如图2,一个积是正的当且仅当两个因子同时为正或同时为负. 如果 $|x| > 1$,即如果 $x > 1$ 或 $x < -1$,则第一因子是正的;又如果 $-1 < x < 1$,则第

第1章 1978年试题

一因子为负. 第二因子是正的, 当 $x > -1$; 第二因子是负的, 当 $x < -1$. 所以, 如果 $x > 1$, 则两个因子都是正的, 而没有 x 的值使得两因子均为负的.

4. 如果 $\tan\angle A = \dfrac{2rs}{r^2 - s^2}$, 其中 $\angle A$ 是锐角且 $r > s > 0$, 则 $\cos\angle A$ 等于 ( ).

A. $\dfrac{r}{s}$　　B. $\dfrac{\sqrt{(r^2 - s^2)}}{2r}$　　C. $\dfrac{rs}{r^2 + s^2}$

D. $\dfrac{r}{r - s}$　　E. $\dfrac{r^2 - s^2}{r^2 + s^2}$

解法 1　一个具有 $\tan\angle A = \dfrac{2rs}{r^2 - s^2}$ 的三角形, 如图 3 所示. 用毕达哥拉斯定理

$$\sqrt{(r^2 - s^2)^2 + (2rs)^2}$$
$$= \sqrt{r^4 + s^4 + 2r^2s^2} = r^2 + s^2$$

即

$$\cos\angle A = \dfrac{r^2 - s^2}{r^2 + s^2}$$

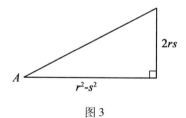

图 3

(E)

解法 2　由于

3

$$\sec^2 \angle A = 1 + \tan^2 \angle A = 1 + \frac{4r^2s^2}{(r^2-s^2)^2} = \left(\frac{r^2+s^2}{r^2-s^2}\right)^2$$

$$\cos^2 \angle A = \left(\frac{r^2-s^2}{r^2+s^2}\right)^2, 且由于 \angle A 是锐角,要求$$

$$\cos \angle A > 0, \cos \angle A = \frac{r^2-s^2}{r^2+s^2}.$$

5. 如果运算 $*$ 由 $a*b = \dfrac{1}{ab}$ 定义,则 $a*(b*c)$ 等于( ).

A. $\dfrac{1}{abc}$ B. $\dfrac{a}{bc}$ C. $\dfrac{bc}{a}$

D. $\dfrac{ab}{c}$ E. 以上皆非

解 $a*(b*c) = a*\left(\dfrac{1}{bc}\right) = \dfrac{bc}{a}.$ (C)

6. 如果在图 4 中该图像代表一条三次曲线,则该图像的方程是( ).

A. $y = (x+1)^2(x-2)$ B. $y = (x+1)^2(2-x)$
C. $y = (1-x)^2(2-x)$ D. $y = -(x-1)^2(x+2)$
E. $y = (x-1)^2(x+2)$

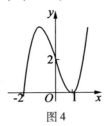

图 4

解 在 $x = 1$ 处的重零点指出 $(x-1)^2$ 是一个因式. 在 $x = -2$ 处的零点指出 $(x+2)$ 是一个因式. 然

后为了在 D 和 E 之间进行区别,或者(ⅰ)注意从该图像的整个形状看 x^3 的系数是正的,或者(ⅱ)以 $x = 0$ 代入,要求 $y = 2$. (E)

7. 如果 $x = (n+1)(n+2)(n+3)$,其中 n 是正整数,则 x 不总是被以下的数中哪一个数整除?(   ).

A. 1　　　　B. 2　　　　C. 3

D. 5　　　　E. 6

解法 1　$n+1, n+2, n+3$ 是三个相继的整数. 由于每两个相继整数中有一个偶数,且每三个相继整数中有一个是 3 的倍数,每三个相继整数的积中包含一个 2 的倍数和一个 3 的倍数,因而被 2 和 3 除尽,如果 x 同时被 2 和 3 两者除尽,它将被 6 除尽(试一下!). 所有整数被 1 除尽. 这样所有选项中只有 D 除外. 你将发现 x 有时被 5 除尽,但不总是被 5 除尽.　(D)

解法 2　设 $n = 1$,则 $x = 2 \times 3 \times 4 = 24$ 且 5 不是其因数.

8. 如果一个立方体的每条棱增加 60%,则其表面积增加的百分点是(   ).

A. 28%　　　B. 60%　　　C. 156%

D. 1 180%　　E. 3 996%

解　设该立方体原有边长为 $5l$,则第二个立方体有边长 $8l$,表面积的增加是 $6(8l)^2 - 6(5l)^2 = 6 \times 39l^2$. 增加的百分点是

$$\frac{6 \times 39l^2}{6 \times 25l^2} \times 100\% = 156\%　　(C)$$

9. 一个圆内切于一个等边三角形,如果该圆周长

为 3 cm,则此三角形的周长为( ).

A. $\dfrac{18}{\pi}$cm   B. $\dfrac{9\pi\sqrt{3}}{2}$cm   C. $\dfrac{9\sqrt{3}}{\pi}$cm

D. 6 cm   E. $\dfrac{6}{\pi\sqrt{3}}$cm

我们利用边长为 2 单位的等边三角形的高为 $\sqrt{3}$ 单位的这一事实,如图 5 所示. 设圆的半径为 r, 显然 $r = \dfrac{3}{2\pi}$cm.

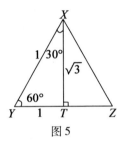

图 5

解法 1 如图 6,由于该圆的圆心是 △ABC 的形心, $AP = 3r$. $\dfrac{AB}{AP} = \dfrac{2}{\sqrt{3}}$ (△XYT ∽ △ABP)(图 5,图 6).

因此 $AB = \dfrac{2}{\sqrt{3}}(3r) = 2\sqrt{3}r$. 所以, 周长等于 $3 \times 2\sqrt{3}r = 6\sqrt{3} \times \dfrac{3}{2\pi} = \dfrac{9\sqrt{3}}{\pi}$cm.

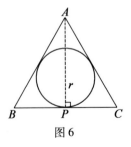

图 6

(C)

解法 2 如图 7，$\triangle BPO \backsim \triangle XTY$. 所以 $\dfrac{BP}{r} = \dfrac{\sqrt{3}}{1}$，即 $BP = \sqrt{3}\,r$，周长是 $6 \times BP = 6\sqrt{3}\,r = 6\sqrt{3} \times \dfrac{3}{2\pi} = \dfrac{9\sqrt{3}}{\pi}$ (cm).

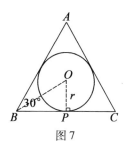

图 7

10. 一个硬币投掷 200 次后，显示头像刚巧 110 次. 现在为了使显示头像的次数占总投掷次数的 70%，接着必须连续投掷出头像多少次？(　　).

A. 30 次　　　　B. 300 次　　　　C. 220 次

D. 100 次　　　　E. 以上皆非

解　设 x 是所需增加的连续掷出的头像的次数，则

$$\dfrac{110 + x}{200 + x} = \dfrac{7}{10}$$

所以 $1\,100 + 10x = 1\,400 + 7x$，即 $x = 100$. (D)

11. 两个成年人的年龄之积是 770. 它们的年龄之和是(　　).

A. 25　　　　B. 57　　　　C. 69

D. 87　　　　E. 117

解　$770 = 2 \times 5 \times 7 \times 11$. 显然一个成人不可能是 2, 5, 7 或 11 岁. 年龄的其他组合是 10 和 77, 14 和 55,

22和35.最后一对是唯一可能的一对且有和57.

(B)

12. 不等式 $\dfrac{2x^2-3x+4}{x^2+2} > 1$ 的解是( ).

A. $x < 1$ 或 $x > 2$　　B. $x < -2$ 或 $x > -1$

C. $1 < x < 2$　　D. $-2 < x < -1$

E. 以上皆非

解 $\dfrac{2x^2-3x+4}{x^2+2} > 1$,所以 $2x^2-3x+4 > x^2+2$(因对所有实数$x,x^2+2>0$). 因此,$x^2-3x+2>0$,即$(x-2)(x-1)>0$,即$x<1$或$x>2$. (A)

13. 如果对 $n>1$, $f(n) = (n-1)f(n-1)$,且 $f(1)=1$,则 $f(4)$ 等于( ).

A. 1　　B. $\dfrac{1}{6}$　　C. $\dfrac{1}{24}$

D. 24　　E. 6

解 $f(n) = (n-1)\times f(n-1)$ 和 $f(1)=1$. 所以 $f(4) = 3\times f(3) = 3\times 2\times f(2) = 3\times 2\times 1\times f(1) = 6$

(E)

14. 在每一季度中的生活费用上升2%,这相当于年通货膨胀百分数是多少?(确定最近似的正确答案)( ).

A. 2.0%　　B. 8.0%　　C. 8.1%

D. 8.2%　　E. 8.3%

解 每一季度生活费用上升系数为 $1+\dfrac{2}{100} = 1.02$,所以一年中增加的百分点是 $(1.02^4-1)\times 100\% =$

$(1.082\,432\,16 - 1) \times 100\% \approx 8.2\%.$　　　　(D)

注 $(1.02)^4$ 可用长乘法得出,也可用二项式展开

$$(1 + 0.02)^4 = 1 + 4 \times 0.02 + 6 \times 0.004 +$$
$$\qquad\qquad 4 \times 0.000\,008 + (0.02)^4$$
$$= 1 + 0.08 + 0.002\,4 + \cdots$$
$$\approx 1.082$$

因为只需要精确到三位小数.

15. 一个正八边形由截去一个正方形的四角而形成,如图8所示,如果该正方形的边长为 n cm,则截去的总面积是( ).

A. $4(n - \sqrt{2})\,\text{cm}^2$　　B. $4\sqrt{2}\,n^2\,\text{cm}^2$

C. $\left(n^2 - \dfrac{4n}{2}\right)\,\text{cm}^2$　　D. $n^2(3 - 2\sqrt{2})\,\text{cm}^2$

E. 以上皆非

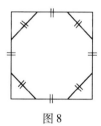

图8

解 设在每个角上截去 x cm,如图9(a) 所示,则显然 BC 长 $(n - 2x)$ cm. 考虑等腰 $\text{Rt}\triangle XYZ$,如图9(b) 所示,$\triangle XYZ \backsim \triangle ACB$. 所以

$$\dfrac{x}{n - 2x} = \dfrac{1}{\sqrt{2}} \Rightarrow x = \dfrac{n}{2 + \sqrt{2}}$$
$$= \dfrac{n(2 - \sqrt{2})}{2}$$

$$\Rightarrow x^2 = \frac{n^2(6-4\sqrt{2})}{4}$$

$$= \frac{n^2(3-2\sqrt{2})}{2}$$

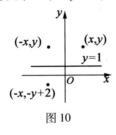

图9

截去的总面积是 $2x^2 \text{cm}^2 = n^2(3-2\sqrt{2})\text{cm}^2$. (D)

16. 如图10,如果点 (x,y) 首先被直线 $x=0$ 反射,而所得的点然后被直线 $y=1$ 反射,则影像点的坐标是( ).

A. $(x,1-y)$ B. $(0,1)$ C. $(-x,1-y)$
D. $(-x,2-y)$ E. $(y,-x)$

解 (x,y) 关于 $x=0$ 的影像是 $(-x,y)$,$(-x,y)$ 关于 $y=1$ 的影像是 $(-x,-y+2)$.

图10

(D)

第1章 1978年试题

17. 如果 n 是正整数,则积

$$\left(1-\frac{1}{2}\right)\left(1-\frac{1}{3}\right)\left(1-\frac{1}{4}\right)\cdots\left(1-\frac{1}{n}\right)$$

等于( ).

A. $\dfrac{1}{n}$ B. $\dfrac{n-1}{n}$ C. n

D. $\dfrac{2}{n(n-1)}$ E. $\dfrac{2}{n}$

解 消去后

$$\left(1-\frac{1}{2}\right)\left(1-\frac{1}{3}\right)\left(1-\frac{1}{4}\right)\cdots\left(1-\frac{1}{n}\right)$$

$$=\frac{1}{2}\times\frac{2}{3}\times\frac{3}{4}\times\cdots\times\frac{n-1}{n}=\frac{1}{n} \qquad (\ A\ )$$

18. 三个直径为 1 m 的管子被拉紧的金属带捆在一起,如图 11 所示. 金属带的长度是( ).

A. $(3+\pi)$ m   B. 3 m   C. $\left(3+\dfrac{\pi}{2}\right)$ m

D. $\left(\dfrac{3+\pi}{2}\right)$ m   E. $(6+\pi)$ m

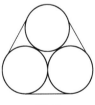

图 11

解法1 与圆管贴合的三段金属线一起组成直径为 1 m 的一个圆的圆周,因此总长度为 π m,金属线的三段直的部分显然每段长度为 1 m. 所以总长是

11

$(3+\pi)$ m.

(A)

解法2 如图12所示,作一等边三角形,考虑四边形 $OACB$ 的内角, $\alpha + 90 + 60 + 90 = 360$,所以 $\alpha = 120$. 因此,金属线的部分 AB,是一个圆的周长 $\dfrac{120}{360} = \dfrac{1}{3}$,金属线的总长度可如上面那样求得.

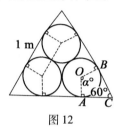

图12

19. 一颗卫星沿圆形轨道绕地球运行. 轨道的长度(圆周长)是 60 000 km,如果轨道的半径增加 1 km,轨道将伸长多少千米?(   ).

A. 2π km 　　　　B. 1 000 km

C. 60 000 km 　　D. $(2\pi \times 60\,000)$ km

E. 不变

解 如果两圆分别有半径和周长 r_1, C_1 和 r_2, C_2,则 $C_1 - C_2 = 2\pi(r_1 - r_2)$,在这种情况下, $|C_1 - C_2| = 2\pi \times 1$ km.

(A)

20. 如果 $(a-b)^2 + 6ab = 48$,则 ab 的最大值是(   ).

A. 0　　　B. 24　　　C. 6

D. 8　　　E. 无穷大

解 由于 $(a-b)^2 \geqslant 0, 6ab = 48 - (a-b)^2 \leqslant$

48,所以 $ab \leqslant 8$,当 $a = b$ 时,$(a-b)^2 = 0$,$6ab = 48$,$ab = 8$.   (D)

21. 在图 13 中,$AB = AC$ 且 $KL = LM$. 则 $\dfrac{KB}{LC}$ 是( ).

A. 1.5　　B. 2.0　　C. 2.5
D. 3.0　　E. 5.0

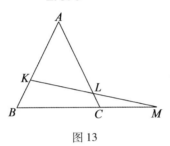

图 13

解法 1　如图 14 所示,作 $KD \parallel LC$,由于 $\triangle MLC \backsim \triangle MKD$,$LC = \dfrac{1}{2}KD$. 由于 $\triangle ABC \backsim \triangle KBD$,且 $AC = AB$,$KD = KB$,因此,$LC = \dfrac{1}{2}KB$.

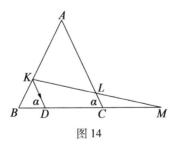

图 14

(或过 L 作一直线平行于 AB,且类似地讨论).

(B)

解法 2　仔细地量一下图,会在备选答案之间做

22. 满足方程 $x^3 + x - 8 = \dfrac{8}{x^2}$ 的不同实数的个数是（　）.

　　A. 0　　　　B. 1　　　　C. 2
　　D. 3　　　　E. 5

解　由于 $x^3 + x - 8 = \dfrac{8}{x^2}$，我们有 $x^5 + x^3 - 8x^2 - 8 = 0$，即 $x^3(x^2+1) - 8(x^2+1) = 0$，即 $(x^3-8)(x^2+1) = 0$，且由于 $x^2 + 1 > 0$，这给出 $x^3 - 8 = 0$. 即或 $x = 2$ 作为唯一的实数解.　　　　（ B ）

23. 如果 $0 \leqslant x \leqslant 1$，则

$$\left(\lg\left(\dfrac{99\,999x + 1}{1\,000}\right)\right)^2$$

的最大值是（　）.

　　A. 4　　　　B. 9　　　　C. 25
　　D. 100　　　E. 900

解　分数

$$y = \dfrac{99\,999x + 1}{1\,000} \Rightarrow \dfrac{1}{1\,000} \leqslant y \leqslant 100 \,(0 \leqslant x \leqslant 1)$$

$$\Rightarrow -3 \leqslant \lg y \leqslant 2 \Rightarrow (\lg y)^2 \leqslant 9$$

　　　　　　　　　　　　　　　　　　（ B ）

注　当 $x = 0$ 达到最大值.

24. 由不同素数 $p, q\,(p, q \geqslant 2)$ 组成且使得 p 整除 $q^2 - q$ 而 q 整除 $p^2 + p$ 的数偶 (p, q) 的个数是（　）.

　　A. 0　　　　B. 1　　　　C. 2
　　D. 3　　　　E. 无穷

解 如果 p 和 q 是素数,则 $p \nmid q$ 且 $q \nmid p$. 因此
$$p \mid q^2 - q = q(q-1) \Rightarrow p \mid q-1 \quad (1)$$
$$q \mid p^2 + p = p(p+1) \Rightarrow q \mid p+1 \quad (2)$$
由(1),$q-1 \geqslant p$,即 $p+1 \leqslant q$. 由(2),$p+1 \geqslant q$. 所以,$p+1 = q$.

由于两个相继整数是素数的,只有 2 和 3,$p = 2$,$q = 3$. 为了完成证明现在必须检验这一对数确实满足条件(仍然可能无解).确实满足. (B)

25. 如图 15,$ABCD$ 是一正四面体(即正三棱锥),其所有棱的长度为 2 cm,如果 L 和 M 分别为 BC 和 AD 的中点,则 LM 的长度是( ).

A. $\sqrt{2}$ cm B. $\sqrt{3}$ cm C. 2 cm

D. $1\dfrac{1}{2}$ cm E. $\sqrt{5}$ cm

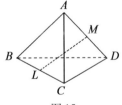

图 15

解 如图 16,由 $\triangle DBC$,$DL = \sqrt{2^2 - 1^2}$ cm $= \sqrt{3}$ cm. 由 $\triangle LDA$,$LM^2 = (\sqrt{3}^2 - 1^2)$ cm,即 $LM = \sqrt{2}$ cm.

 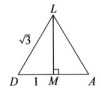

图 16

(A)

第2章 1979年试题

1. $0.4^2 - 0.1^2$ 等于（ ）.

A. 0.09   B. 1.5   C. 0.15

D. 0.6   E. 0.06

解法1 $0.4^2 - 0.1^2 = 0.16 - 0.01 = 0.15.$

(C)

解法2 $0.4^2 - 0.1^2 = (0.4 - 0.1)(0.4 + 0.1) = 0.3 \times 0.5 = 0.15.$

2. 以下哪一个式子不以 $x + y$ 作为因式？（ ）.

A. $x^2 + xy$ B. $x^2 - y^2$ C. $y^2 + xy$

D. $x^2 + y^2$ E. $2x + 2y$

解 $x^2 + y^2$ 不能分解因式.   (D)

注 A $x^2 + xy = x(x + y)$

B $x^2 - y^2 = (x - y)(x + y)$

C $y^2 + xy = y(x + y)$

E $2x + 2y = 2(x + y)$

3. 以下的数中哪一个最接近于 $\dfrac{2.7 \times 32}{14.7}$ 的值？

( ).

A. 60   B. 6   C. 90

D. 3   E. 0.6

解 $\dfrac{2.7 \times 32}{14.7} \approx \dfrac{3 \times 30}{15} = 6.$ (B)

4. 如果 $p = \dfrac{0.1}{0.3}, q = \dfrac{1}{0.3}, r = \dfrac{0.3}{1}$,则以下结论哪一个是正确的?( ).

A. $p > q$ 且 $q > r$ B. $q > r$ 且 $r > p$ C. $q > p$ 且 $p > r$

D. $r > p$ 且 $p > q$ E. $p > r$ 且 $r > q$

解 $p = \dfrac{0.1}{0.3} = \dfrac{1}{3} = 0.333\cdots, q = \dfrac{1}{0.3} = \dfrac{10}{3} = 3.333\cdots, r = \dfrac{0.3}{1} = 0.3.$

所以 $q > p$ 且 $p > r.$ (C)

5. 如果 $f(x) = 4^x$,则 $f(x+1) - f(x)$ 等于( ).

A. 4   B. $f(x)$ C. $2f(x)$

D. $3f(x)$ E. $4f(x)$

解 $f(x+1) - f(x) = 4^{x+1} - 4^x = 4 \times 4^x - 4^x = (4-1)4^x = 3f(x).$ (D)

6. 在图1中 AB, CD 和 EF 是直线. $a + b - c$ 的值是( ).

A. 120   B. 150   C. 180

D. 210   E. 以上皆非

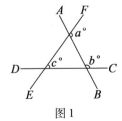

图1

解 三角形的内角是 $180°-a°, 180°-b°$ 和 $c°$，我们有
$$180°-a°+180°-b°+c°=180°$$
即 $180=a+b-c$. (C)

7. 一个立方体的边长为 64 cm，把这个立方体的表面全部漆成红色且分割成 64 个边长为 1 cm 的小立方体．恰好有一面漆成红色的小立方体有多少个？( ).

A. 16 个 B. 64 个 C. 36 个
D. 6 个 E. 24 个

解 如图 2，在原立方体的每个面上恰有四个边长为 1 cm 的立方体只有一面漆成红色．由于原立方体有六个面，因此有 $4×6=24$ 个所求立方体．

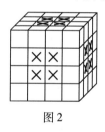

图 2

(E)

8. 如果 $x-y>x$ 且 $x+y<y$，则可推导出( ).
A. $y<x$ B. $x<y$ C. $x<y<0$
D. $x<0$ 和 $y<0$ E. $x<0$ 和 $y<0$

解 $x-y>x$ 蕴涵 $-y>0$，即 $y<0, x+y<y$ 蕴涵 $x<0$. (D)

9. $\sin y°+\sin(x-y)°=\sin x°$ 对所有 y 成立，如

第2章　1979年试题

果 x 是(　　).

A. 60　　　B. 90　　　C. 180

D. 270　　　E. 360

解　对所有 y, $\sin y° + \sin(x-y)° = \sin x° \Leftrightarrow$
对所有 y, $\sin y° + \sin x° \cos y° - \cos x° \sin y° = \sin x° \Leftrightarrow$
对所有 y, $(1 - \cos x°)\sin y° + \sin x°(\cos y° - 1) = 0$.

如果 $1 - \cos x° = 1$ 且 $\sin x° = 0$, 则所述式子对所有 y 为真. 这些方程为 $x = 0, 360, \cdots$ 所满足.

(E)

注　代入后显示 E 是正确的, 因为
$\sin y° + \sin(360 - y)° = \sin y° - \sin y° = 0 = \sin 360°$

10. 一个矩形水池的长度比宽度多 50%, 它被一条 1 m 宽的路所围绕. 如果这条路的面积是 44 m², 则此水池的面积在以下哪一范围内?(　　).

A. 小于 80 m²　　　B. 80 m² 至 90 m²

C. 91 m² 至 100 m²　　　D. 101 m² 至 120 m²

E. 121 m² 至 170 m²

解　设水池宽 $2x$ m 而长为 $3x$ m, 则路的面积是 $[2 \times (3x+2) \times 1] + [2 \times (2x) \times 1]$. 所以 $44 = 6x + 4 + 4x$, 即 $40 = 10x$, $x = 4$. 因此, 水池的面积是 $12 \times 8 = 96$ m².

(C)

11. 以下诸分数中哪一个分数同时是 $\dfrac{6}{7}, \dfrac{5}{14}$ 和 $\dfrac{10}{21}$ 的整倍数?(　　).

A. $\dfrac{7}{30}$　　　B. $\dfrac{7}{15}$　　　C. $\dfrac{15}{7}$

D. $\dfrac{30}{7}$ E. $\dfrac{80}{21}$

解 给定分数的最小公分母是 42,且

$$\dfrac{6}{7}=\dfrac{36}{42},\dfrac{5}{14}=\dfrac{15}{42},\dfrac{10}{21}=\dfrac{20}{42}$$

这些等价分数的分子的最小公倍数是 $2^2\times3^2\times5=180$(因 $36=2^2\times3^2$,$15=3\times5$,且 $20=2^2\times5$). 这样给定分数的最小公(整)倍数是 $\dfrac{180}{42}=\dfrac{30}{7}$. (D)

12. $ABCD$ 和 $PQRS$ 是边长为 10 cm 的两个正方形. 如图 3 所示,P 位于正方形 $ABCD$ 的中心,$BX=4$ cm,四边形 $PXCY$ 的面积是(   ).

A. 21 cm²   B. 25 cm²   C. 30 cm²

D. 24 cm²   E. 28 cm²

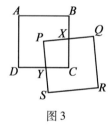

图 3

解法 1 如图 4,如果正方形 $PQRS$ 绕 P 顺时针方向旋转使得 PQ 平行于 AB,则两正方形的 $\dfrac{1}{4}$ 重叠,每个正方形有面积 100 cm²,所以正方形的 $\dfrac{1}{4}$ 有面积 25 cm²,由于阴影区域是全等的(两角一夹边),因此区域 $PXCY$ 的面积也是 25 cm².

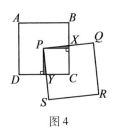

图4

(B)

解法 2 PQRS 可绕 P 逆时针方向旋转使得重叠区域是 △PBC. △PBC 的面积是 $\frac{1}{4} \times 100$ cm² = 25 cm². 如同解法 1 中所做的一种全等形讨论证明这面积等于 PXCY 的面积.

解法 3 我们用寻求 △XYP 和 △XYC 的面积来找到所要求的面积:由对称性 CY = BX = 4 cm,且 CX = 6 cm. 所以, △XYC 的面积 = $\frac{1}{2} \times 4 \times 6 = 12$ (cm²). 现 $XY^2 = CY^2 + CX^2 = 36 + 16 = 52$ (cm²),由对称性 PY = PX,还有 $XY^2 = PX^2 + PY^2 = 2PX^2$,所以 $PX^2 = \frac{1}{2} \times 52 = 26$ (cm)². 所以 △XYP 的面积 = $\frac{1}{2} PX \times PY = \frac{1}{2} PX^2 = \frac{1}{2} \times 26 = 13$ (cm²). 因此 PXCY 的面积 = △XYC 的面积 + △XYP 的面积 = 12 + 13 = 25 (cm²).

13. 如果 $a^{2b} = 5, 2a^{6b} - 4$ 等于( ).

A. 26   B. 246   C. 242

D. $12\sqrt{5} - 4$ E. 8

解 $2a^{6b} - 4 = 2(a^{2b})^3 - 4 = 2 \times 5^3 - 4 = 246.$

14. 如果 $9(\log x)^2 + 4(\log y)^2 = 12(\log x)(\log y)$，则( )．

A. $x^3 = y^2$ B. $x^2 = y^3$ C. $x = y$
D. $x + y = 1$ E. $3x = 2y$

解 这个表达式可以重排且分解因式成二次式
$$9(\log x)^2 - 12(\log x)(\log y) + 4(\log y)^2 = 0$$
导出 $(3\log x - 2\log y)^2 = 0$，即 $3\log x = 2\log y$，即 $\log x^3 = \log y^2, x^3 = y^2$．　　　　　　　　　(A)

15. 一位热心的销售商在一次售货中可按你所指定的任何次序给你20%，10%和5%连续三次的减价，利用这三次减价你能得到的最好的折扣的百分点数是( )．

A. 31.6%   B. 35%   C. 29.2%
D. 27.5%   E. 38.6%

解 如果原价是 x，则
$$\text{折扣价} = 0.95 \times 0.9 \times 0.8 x$$
$$= 0.684 x \qquad (1)$$
所以扣除的是 $0.316x$，等于31.6%．　(A)

注 从式(1)可看出价格不依赖折扣的次序．

16. $(x+1)(x-3)(x-5) > 0$，如果( )．
A. $-1 < x < 5$　B. $x < -1$　C. $3 < x < 5$
D. $1 < x < 5$　E. $-1 < x < 2$

解法1 从题干上可看出当 $-1 < x < 3$ 或 $x > 5$ 时，$(x+1)(x-3)(x-5) > 0$．

给定的备选答案中只有 $-1<x<2$ 不违反整个解答. (E)

解法 2 $y=(x+1)(x-3)(x-5)$ 仅在 $x=-1$, $+3$ 或 $+5$ 处可改变符号. 比如对 $x=-2, y=$ 负 × 负 × 负 = 负. 所以对 $x<-1, y<0$. 类似地对 $-1<x<3, y>0$;对 $3<x<5, y<0$;对 $x>5, y>0$. 因此,跟前面一样,如果 $-1<x<2$,则 $y>0$.

17. 如图 5,两相交圆的公共弦的长度是 16 m. 如果它们的半径是 10 m 和 17 m,则两圆的圆心之间的距离的可能值是( ).

A. 27 m B. 21 m C. $\sqrt{389}$ m
D. 15 m E. 11 m

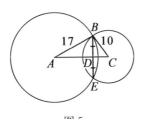

图 5

解 $BD=\dfrac{1}{2}$(公共弦 BE 的长度)$=8$ m. 在 $\triangle BDC$ 中, $DC=6$ m(毕达哥拉斯定理). 在 $\triangle BDA$ 中, $AD=15$ m(毕达哥拉斯定理).

所以, $AC=AD+DC=21$ m. (B)

注 "两圆心间距离的可能值",由于 A 和 C 可以在 BE 的同侧,因此有另外一个可能值,即 $(15-6)$ m $=9$ m.

18. 如果对 $n \geq 1$, $x_n^2 - x_{n-1}x_{n+1} = (-2)^n$, 且 $x_0 = x_1 = 1$, 则 x_3 是( ).

A. 1   B. -3 C. 3
D. 5   E. 13

解 $x_n^2 - x_{n-1} \times x_{n+1} = (-2)^n, n \geq 1, x_0 = x_1 = 1$.

当 $n = 1$ 时, $x_1^2 - x_0 \times x_2 = (-2)^1$, 即 $1 - x_2 = -2$, 即 $x_2 = 3$.

当 $n = 2$ 时, $x_2^2 - x_1 x_3 = (-2)^2$, 即 $9 - x_3 = 4$, $x_3 = 5$.   (D)

19. 方程

$$\frac{\sqrt{x+1} + \sqrt{x-1}}{\sqrt{x+1} - \sqrt{x-1}} = 3$$

的解是( ).

A. 3   B. $\dfrac{3}{5}$ C. $\dfrac{4}{5}$

D. $\dfrac{5}{4}$ E. $\dfrac{5}{3}$

解法 1 由于 $\dfrac{\sqrt{x+1} + \sqrt{x-1}}{\sqrt{x+1} - \sqrt{x-1}} = 3$, 我们有

$$\sqrt{x+1} + \sqrt{x-1} = 3\sqrt{x+1} - 3\sqrt{x-1}$$

所以

$$4\sqrt{x-1} = 2\sqrt{x+1}$$

除以 2 再两边平方, 即得 $4(x-1) = x+1$, 即 $3x = 5, x = \dfrac{5}{3}$.   (E)

解法 2 利用 $\dfrac{a}{b} = \dfrac{c}{d}$ 蕴涵 $\dfrac{a+b}{a-b} = \dfrac{c+d}{c-d}$,我们有

$$\dfrac{\sqrt{x+1} + \sqrt{x-1}}{\sqrt{x+1} - \sqrt{x-1}} = \dfrac{3}{1}$$

即 $\dfrac{2\sqrt{x+1}}{2\sqrt{x-1}} = \dfrac{3+1}{3-1} = \dfrac{4}{2}$

所以 $\sqrt{x+1} = 2\sqrt{x-1}$,即 $x+1 = 4x-4$,$x = \dfrac{5}{3}$.

注 这个问题可以构造得更难,给出"以上皆非"作为一个可能解. 在那种情况下答案 $x = \dfrac{5}{3}$ 必须被检验以证明它确实是解,而不只是由两边平方的运算引入的. 也注意任何解必须满足 $x \geqslant 1$,否则 $\sqrt{x-1}$ 不是实数. 检验 $x = \dfrac{5}{3}$ 确是解

$$\text{左边} = \dfrac{\sqrt{\dfrac{8}{3}} + \sqrt{\dfrac{2}{3}}}{\sqrt{\dfrac{8}{3}} - \sqrt{\dfrac{2}{3}}} = \dfrac{\sqrt{8} + \sqrt{2}}{\sqrt{8} - \sqrt{2}}$$

$$= \dfrac{2\sqrt{2} + \sqrt{2}}{2\sqrt{2} - \sqrt{2}} = \dfrac{3\sqrt{2}}{\sqrt{2}} = 3 = \text{右边}$$

20. 如图 6 所示,E 是矩形 $ABCD$ 的任一内点,如果 AE, BE, CE 和 DE 的长度分别是 a, b, c 和 x 单位. x 由下列哪一个表达式给出?( ).

A. $x = a - b + c$ B. $x = a + b - c$
C. $x = b + c - a$ D. $x^2 = a^2 - b^2 + c^2$

E. $x^2 = a^2 + b^2 - c^2$

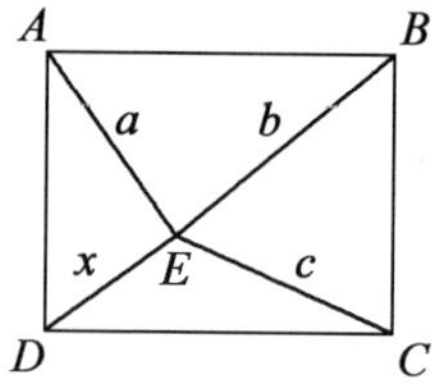

图 6

解 如图 7 所示,画出点 F, G, J, K,由毕达哥拉斯定理

$$x^2 + b^2$$
$$= (DG^2 + GE^2) + (EK^2 + KB^2)$$
$$= FE^2 + GE^2 + GC^2 + AF^2$$
$$= (FE^2 + AF^2) + (GE^2 + GC^2)$$

因此 $x^2 + b^2 = a^2 + c^2$,即 $x^2 = a^2 - b^2 + c^2$.

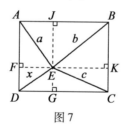

图 7

(D)

注 这个问题的多重选择形式允许我们用一种特殊情况来找到解. 在选取特殊情况时需要一些判断. 例如,将 E 放在对角线的交点不会排除任何可能的答案. 然而,将 E 放在一个角上,所有不正确的选项都能被排除. 设 E 取在点 D,则 $x = 0$,且由毕达哥拉斯定

理, $a^2 + c^2 = b^2$. 这样 $a^2 - b^2 + c^2 = 0 = x^2$. 然而在断定 D 是正确选项之前, 必须检验没有其他选项被这种特殊情况所满足.

21. 两支同样长度的蜡烛在同一时间被点燃. 其中一支蜡烛在 4 h 内点完, 另一支在 5 h 内点完. 在一支蜡烛是另一支蜡烛的长度的 3 倍之前, 它们已点了多少小时?( ).

A. $\dfrac{40}{11}$ h   B. 3 h   C. $\dfrac{45}{12}$ h

D. $\dfrac{63}{20}$ h   E. $\dfrac{47}{14}$ h

解 设开始时每支蜡烛长 l. 设蜡烛 A 是点得较快的一支, 在 4 h 内点完, 又设 B 是点得较慢的一支. t h 后这两支蜡烛的长度是

$$A: l\left(1 - \dfrac{t}{4}\right), B: l\left(1 - \dfrac{t}{5}\right)$$

现在我们要求 t 使得

蜡烛 B 的长度 = 3(蜡烛 A 的长度)

即

$$l\left(1 - \dfrac{t}{5}\right) = 3l\left(1 - \dfrac{t}{4}\right)$$
$$20 - 4t = 60 - 15t$$
$$11t = 40$$
$$t = \dfrac{40}{11} \qquad (A)$$

22. (ⅰ) 比尔(Bill)的表快了 10 min, 但他以为表慢了 5 min.

（ⅱ）约安娜（Joanna）的表慢了 5 min，但她以为快了 5 min.

（ⅲ）哈立特（Harriet）的表快了 5 min，但她以为慢了 10 min.

（ⅳ）约翰（John）的表慢了 10 min，但他以为快了 10 min.

用他们的表，每人在相信恰好能赶上下午 6 时的火车的时候离开工作单位．谁误了火车？（　　）．

A. 比尔和约翰　　　B. 比尔和哈立特

C. 约翰和约安娜　　D. 哈立特和约安娜

E. 他们全体

解 给出的信息可展示在表 1 中：

表 1

人	正确时间	表上时间	表主估计时间
比尔	下午 6:00	下午 6:10	下午 6:15
约安娜	下午 6:00	下午 5:55	下午 5:45
哈立特	下午 6:00	下午 6:05	下午 6:15
约翰	下午 6:00	下午 5:50	下午 5:40

所以，约安娜和约翰在下午 6 时不能到达车站且将误车． （ C ）

23. 在图 8 中，$ABCD$ 是一个梯形，且 MN 平行于 AB 和 DC. 如果 MN 把 $ABCD$ 的面积分割成两等分，则 MN 的长度是（　　）．

A. $\sqrt{\dfrac{a^2+b^2}{2}}$ cm　　B. $\dfrac{a^2+b^2}{a+b}$ cm　　C. $\sqrt{(ab)}$ cm

D. $\dfrac{2ab}{a+b}$ cm E. $\dfrac{a+b}{2}$ cm

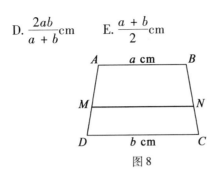

图 8

解 如图 9，作 BY 平行于 AD. $\triangle BXN$ 和 $\triangle BYC$ 的高分别是 h cm 和 H cm. 设 MN 的长度为 x cm，所以 XN 的长度为 $(x-a)$ cm. 由于 $\triangle BXN \backsim \triangle BYC$，$\dfrac{h}{H} = \dfrac{x-a}{b-a}$，所以 $h = \dfrac{H(x-a)}{b-a}$. 现在 $2 \times ($梯形 $ABNM$ 的面积$) = $ 梯形 $ABCD$ 的面积. 所以用梯形面积公式

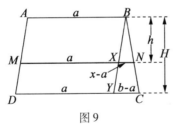

图 9

$$2\dfrac{(x+a)}{2}h = \dfrac{(a+b)}{2}H$$

因此

$$(x+a)\dfrac{H(x-a)}{b-a} = \dfrac{(a+b)}{2}H$$

所以

$$2H(x^2-a^2) = H(b^2-a^2)$$

因此
$$2x^2 - 2a^2 = b^2 - a^2$$
即 $x^2 = \dfrac{a^2+b^2}{2}, x = \sqrt{\dfrac{a^2+b^2}{2}}.$ （A）

24. 用852个数字(1,2,3,4,5,6,7,8,9,0)为一本书的所有各页编号,从第1页起连续地编号,这本书的页数是( ).

A. 320 页   B. 247 页   C. 316 页

D. 852 页   E. 284 页

解 第1页至第9页用9个数字. 第10页至第99页用 $90 \times 2 = 180$ 个数字. 剩下的页数(从100开始)用 $852 - 180 - 9 = 663$ 个数字. 因此后面的页数是 $663 \div 3 = 221$, 总页数是 $99 + 221 = 320$. （A）

25. 如果 x 和 y 是整数,使得 $(x-y)^2 + 2y^2 = 27$,则数 x 只能是( ).

A. 3,5   B. $-6,4$ C. 0,4,6

D. $0, -4, 4, -6, 6$

E. $0, -2, 2, -4, 4, -6, 6$

解 如果 $(x-y)^2 = 27 - 2y^2$, 则 $x - y = \pm\sqrt{27-2y^2}$ 是一个整数, 因为 x 和 y 是整数. 所以 $A = 27 - 2y^2$ 必是一个平方数. 如果 $y = 0, A = 27$ 不是平方数. 如果 $y = \pm 1, A = 25$ 是平方数, 推出 $x \pm 1 = \pm 5$, 即 $x = \pm 4, \pm 6$. 如果 $y = \pm 2, A = 19$ 不是平方数. 如果 $y = \pm 3, A = 9$ 是平方数. 这推出 $x \pm 3 = \pm 3$, 即 $x = 0, \pm 6$. 此外的 y 的值使 A 为负数,从而不是平方

数,这样对 x 的仅有的整数值是 ±6, ±4 和 0.

(D)

26. 15 个台球以这样的方式平放在桌子上,即使得它们正好挤在一个等边三角框内,该框的内周长是 876 mm. 每个台球的半径是(   ).

A. $\dfrac{73}{2}$ mm   B. $\dfrac{146}{4+\sqrt{3}}$ mm   C. $\dfrac{146}{2+\sqrt{3}}$ mm

D. $\dfrac{146}{3+\sqrt{3}}$ mm   E. 以上皆非

解 由于 $1+2+3+4+5=15$,显然有 5 行台球在框内,因此与框的任一边相接触的球的个数是 5. 设台球的半径是 r mm.

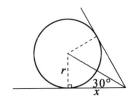

图 10

设从框角到与球的最近接触点的距离是 x mm. 由图 10 可以看出 $\dfrac{r}{x}=\tan 30°=\dfrac{1}{\sqrt{3}}$,所以 $x=\sqrt{3}\,r$. 框的一边的长度是 $(8r+2x)$ mm,即 $r(8+2\sqrt{3})$ mm. 这样,与框的总周长相比较 $3r(8+2\sqrt{3})=876$,所以

$$r=\frac{876}{3(8+2\sqrt{3})}=\frac{146}{4+\sqrt{3}} \qquad (\ B\ )$$

27. 一位店主收到以下账单:

22 盒 X 型盒式磁带：□29.3□ 元

其中首尾两个数字弄脏了无法辨认，他知道每盒磁带价格在 25 元以上，每盒磁带的价格是在以下哪两者之间?(　).

A. 25 元和 28 元　　B. 28 元和 32 元

C. 32 元和 35 元　　D. 35 元和 40 元

E. 40 元和 50 元

解　设 N 为单价，而 X,Y 分别是账单中缺掉的第一个和最后一个数字，则数字 $X293Y$(即具有值 $X \times 10\,000 + 2\,000 + 900 + 30 + Y$ 的数) 必等于 $22 \times N$. 这样 $X293Y$ 恰好同时被 11 和 2 除尽. 这意味着 Y 必是偶数.

由于单价大于 25 元，$22N > 22 \times 2\,500 = 55\,000$，因而 $X = 6,7,8,9,11$ 是 $22N$ 也是 $X293Y$ 的因数. 利用对 11 的可除性检验法(各位数字的交错和被 11 除尽)我们有(记号：$11 \mid X293Y$ 表示 11 恰好除尽 $X293Y$)

$$11 \mid X293Y \Rightarrow 11 \mid X - 2 + 9 - 3 + Y$$
$$\Rightarrow 11 \mid X + Y + 4$$

如果

$$X = 6, 11 \mid (6 + Y + 4) \Rightarrow 11 \mid (10 + Y)$$
$$\Rightarrow Y = 1$$

但我们需要 Y 是偶数.

如果

$$X = 7, 11 \mid (7 + Y + 4) \Rightarrow 11 \mid (11 + Y) \Rightarrow Y = 0$$

它是可接受的.

如果

$$X = 8, 11 \mid (8 + Y + 4) \Rightarrow 11 \mid (12 + Y) \Rightarrow Y$$
不是个位数.

如果
$$X = 9, 11 \mid (9 + Y + 4) \Rightarrow 11 \mid (13 + Y)$$
$$\Rightarrow Y = 9$$

但我们需要 Y 是偶数.

因此,$22N = 72\,930$,则 $N = 3\,315$. 所以单价是 33.15 元. (C)

第3章　1980年试题

1. $1\frac{2}{3} + \frac{5}{6}$ 等于（　　）.

A. $2\frac{1}{2}$ 　　　B. $2\frac{1}{3}$ 　　　C. $1\frac{7}{9}$

D. $2\frac{2}{3}$ 　　　E. $1\frac{1}{2}$

解　$1\frac{2}{3} + \frac{5}{6} = 1\frac{4}{6} + \frac{5}{6} = 1\frac{9}{6} = 2\frac{1}{2}$

（ A ）

2. 以下选项中哪一个最接近于 49.5 ÷ 0.5 的值？（　　）.

A. 10　　　B. 25　　　C. 50

D. 100　　　E. 250

解　$49.5 ÷ 0.5 ≈ 50 ÷ 0.5 = 100 ÷ 1 = 100.$

（ D ）

3. $6(3-x) - 2(1-x)$ 化简成（　　）.

A. 16　　　B. $16 + 4x$　　　C. $16 - 4x$

D. $16 - 8x$　　　E. $12 - 2x$

解　$6(3-x) - 2(1-x) = 18 - 6x - 2 + 2x = 16 - 4x.$

（ C ）

4. 在图1中，矩形的阴影部分的面积是（　　）.

A. 37.5 cm²　　B. 12.5 cm²　　C. 25 cm²

D. 50 cm²   E. 35 cm²

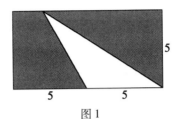

图1

解 无阴影的三角形有底边长 5 cm、高 5 cm，从而面积为 $\frac{1}{2} \times 5 \times 5 = 12.5$ cm²，矩形面积是 $5 \times 10 = 50$ cm²，因此阴影部分面积是 $50 - 12.5 = 37.5$ (cm)².

(A)

5. 给定方程 $\frac{1}{x} = \frac{1}{y} + \frac{1}{z}$，其中 $x = 2$ 且 $y = 3$，则 z 的值是( )．

A. -6 B. $\frac{1}{6}$ C. $\frac{5}{6}$

D. $\frac{6}{5}$ E. 6

解 $\frac{1}{x} = \frac{1}{y} + \frac{1}{z}$，由于 $x = 2$ 和 $y = 3$，所以，我们有 $\frac{1}{2} = \frac{1}{3} + \frac{1}{z}$，即 $\frac{1}{z} = \frac{1}{2} - \frac{1}{3} = \frac{1}{6}$，得出 $z = 6$．

(E)

6. 以下哪一个选项不能沿着所示虚线折成一个立方体？( )．

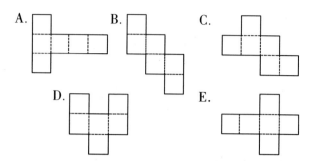

解 如图2所示,当选项D折叠时,正方形(ⅰ)和(ⅱ)将重叠,剩下立方体的一个面未被盖住.

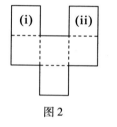

图2 (D)

7. 如果 $x = 4$ 且 $y = 9$,则 $x^{\frac{1}{2}} y^{-\frac{1}{2}}$ 是( ).

A. -9 B. $\dfrac{1}{36}$ C. $\dfrac{4}{9}$

D. 6 E. $\dfrac{2}{3}$

解 如果 $x = 4, y = 9$,则 $x^{\frac{1}{2}} y^{-\frac{1}{2}} = \sqrt{4} \times \dfrac{1}{\sqrt{9}} = \dfrac{2}{3}$.

(E)

8. 在图3中,R 和 P 是圆心为 O 的圆上的两点. PQ 的长度为 50 cm,QR 的长度为 10 cm. PQ 垂直于 OR. 该圆的半径是( ).

A. 240 cm B. 120 cm C. 250 cm
D. 130 cm E. 260 cm

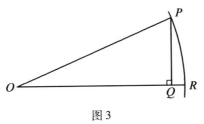

图 3

解 如图 4,设 x cm 是该圆的半径,则 OQ 的长度是 $(x-10)$ cm. 在 △OQP 上用毕达哥拉斯定理, $(x-10)^2 + 50^2 = x^2$, 即 $x^2 - 20x + 100 + 2\,500 = x^2$, 即 $2\,600 = 20x, x = 130$.

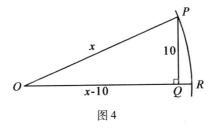

图 4

(D)

9. 一个回文数是从前后两头读都相同的整数(例如 28 482). 在 10 到 1 000 之间有多少个回文数?(　　).

A. 9 个　　B. 109 个　　C. 90 个
D. 99 个　　E. 100 个

解 有 9 个 2 位回文数(11,22,…,00). 此外任一 2 位数唯一对应于一个 3 位回文数,只要重复第一位数字作为末位数字(例如 36 给出 363). 有 90 个 2 位数(10,11,12,…,99). 因此,从 10 到 1 000 有 9 + 90 =

99 个回文数. (D)

注 3 位回文数的个数也能如下找到:注意对第一位数字有 9 种可能性 $(1,2,\cdots,9)$,而对中间位数字有 10 种可能性 $(0,1,\cdots,9)$. 因此有 $9 \times 10 = 90$ 个这样的数.

10. 一个人在 1980 年,他的生日这天的年龄等于他出生的 $19xy$ 年的四个数字之和. 因此 x 和 y 满足关系式( ).

A. $70 - 2x - 2y = 0$ B. $69 - 11x - 2y = 0$
C. $70 - 11x - 2y = 0$ D. $69 - 2x - 2y = 0$
E. $70 - 11x + 2y = 0$

解 写成 $19xy$ 的数有值 $1\,900 + 10x + y$. 由于
$1\,980 = ($出生的年数$) + ($此人年龄$)$
$1\,980 = (1\,900 + 10x + y) + (1 + 9 + x + y)$
$= 1\,910 + 11x + 2y$

所以 $70 - 11x - 2y = 0$. (C)

11. 一个 50 个数的集合的算术平均数是 38. 该集合中两个数,即 45 和 55 被删除,所剩下的数的集合的算术平均数是( ).

A. 35.5   B. 36   C. 36.5
D. 37   E. 37.5

解 设 x 表示所剩下的数的和,则 $\dfrac{x + 45 + 55}{50} = 38$,即 $x = 1\,800$. 所以,剩下数的平均值是 $\dfrac{1\,800}{48}$ 或 37.5. (E)

12. 一个甲虫在边长为 1 m 的正方形外围绕着爬行,在全部时间中与正方形边界精确地保持 1 m 的距离,该甲虫走一整圈所围的面积是(   ).

A. $(\pi+4)\text{m}^2$ B. 5 m^2 C. $(2\pi+4)\text{m}^2$
D. $(\pi+5)\text{m}^2$ E. 9 m^2

解 图 5 表示所围面积由五个边长为 1 m 的正方形(即面积 5 m^2)和四个阴影部分一起组成,阴影部分由四个半径为 1 m 的圆的部分组成,即有面积 $\pi \times 1^2 = \pi(\text{m}^2)$. 总面积是 $(5+\pi)\text{m}^2$.

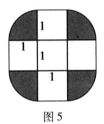

图 5

(D)

13. 如果 $f(1)=5$ 且 $f(x+1)=2f(x)$,则 $f(7)$ 的值是(   ).

A. 640   B. 160   C. 32
D. 128   E. 320

解 用"递推公式"
$$f(x+1)=2f(x)$$
$$f(7)=2f(6)=2(2f(5))=4(2f(4))$$
$$=8(2f(3))=16(2f(2))$$
$$=32(2f(1))=64f(1)=320$$
(因 $f(1)=5$).   (E)

14. $(\cot\theta + \tan\theta)^2$ 等于( ).

A. $\csc^2\theta\sec^2\theta$

B. $\cot^2\theta + \tan^2\theta - 2$

C. $\sec^2\theta - \csc^2\theta$

D. $\cot^2\theta - \tan^2\theta + 2$

E. $\cot^2\theta + \tan^2\theta$

解 $(\cot\theta + \tan\theta)^2 = \left(\dfrac{\cos\theta}{\sin\theta} + \dfrac{\sin\theta}{\cos\theta}\right)^2$

$= \left(\dfrac{\cos^2\theta + \sin^2\theta}{\sin\theta\cos\theta}\right)^2$

$= \left(\dfrac{1}{\sin\theta\cos\theta}\right)^2$

$= \csc^2\sec^2\theta$ (A)

15. $PQRS$ 是一个四边形,其中 $SP = SR$, $\angle PSR = 60°$,且 $\angle PQR = 90°$,PQ 的长度是 $8\ \text{cm}$,且 QR 的长度是 $6\ \text{cm}$. $PQRS$ 的面积是( ).

A. $(25\sqrt{3} + 24)\text{cm}^2$ B. $(\dfrac{25\sqrt{3}}{2} + 24)\text{cm}^2$

C. $(25\sqrt{2} + 24)\text{cm}^2$ D. $(48 + \dfrac{25\sqrt{3}}{2})\text{cm}^2$

E. $(48 + 25\sqrt{3})\text{cm}^2$

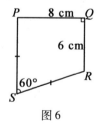

图6

解 由毕达哥拉斯定理 $PR = 10$ cm. 由于 $\triangle PRS$ 是等边的,$PS = SR = 10$ cm. 如果 M 是从 S 到 PR 的垂线的垂足,则 $\triangle PMS \cong \triangle RMS$,且 $PM = MR = 5$(cm).
所以 $MS^2 = 100 - 25$,且 $MS = \sqrt{75} = 5\sqrt{3}$(cm).
四边形 $PQRS$ 的面积 = $\triangle PRS$ 的面积 + $\triangle PQR$ 的面积

$$= \frac{10 \times 5\sqrt{3}}{2} + \frac{\sqrt{10^2 - 8^2} \times}{2}$$

$$= 25\sqrt{3} + 24 \text{(cm}^2\text{)}$$

图7   (A)

16. 对怎样的 x 值,有 $|x| + |x - 1| = 1$?( ).
A. 只有 0 和 1   B. 只有 0 和 -1   C. 所有 x
D. $-1 < x \leq 1$ E. $0 \leq x \leq 1$

解法1
$$|x| + |x - 1| = 1$$
(x 到 0 的距离) + (x 到 1 的距离) = 1
检查数值,发现 $0 \leq x \leq 1$ 是其解.   (E)

解法2
$$|x| = \begin{cases} x, \text{如果 } x \geq 0 \\ -x, \text{如果 } x < 0 \end{cases}$$

且

$$|x-1| = \begin{cases} x-1, \text{如 } x-1 \geq 0, \text{即 } x \geq 1 \\ -x+1, \text{如 } x-1 < 0, \text{即 } x < 1 \end{cases}$$

情况 i $x \geq 1$. 这里 $|x|+|x-1|=1$ 给出 $x+x-1=1$, 即 $x=1$.

情况 ii $0 \leq x < 1$. 这里 $|x|+|x-1|=1$, 即 $x+(-x+1)=1$, 即 $1=1$, 因此, 满足 $0 \leq x < 1$ 的 x 的所有值满足方程.

情况 iii $x < 0$. 这里 $|x|+|x-1|=1$ 给出 $-x+(-x+1)=1$, 即 $x=0$, 这是不可能的, 因为它不在所限制的范围内.

仅在情况 i 和 ii 有可取解, 给出 $0 \leq x \leq 1$.

17. $(2^{3n}+2^{-3n})(2^{3n}-2^{-3n})$ 等于(　　).

A. $2^{6n}-2^{-6n}$ 　　　　B. $2^{6n}+2-2^{-6n}$

C. $2^{9n}-2^{-9n}$ 　　　　D. $2^{9n^2}-2^{-9n^2}$

E. $4^{6n}-4^{-6n}$

解　$(2^{3n}+2^{-3n})(2^{3n}-2^{-3n}) = (2^{3n})^2 - (2^{-3n})^2 = 2^{6n}-2^{-6n}.$ 　　　　　　　　　　(A)

18. 如图8, 如果直角坐标系的轴以 1 cm 作为长度单位. △PQR 的顶点在 $P(0,3)$, Q 在 $(4,0)$, 顶点 R 在 $(k,5)$, 其中 $0 < k < 4$. 如果该三角形的面积是 8 cm^2, 则 k 的值是(　　).

A. 1　　　　B. $\dfrac{8}{3}$　　　　C. 2

D. $\dfrac{13}{4}$　　　　E. $3\dfrac{1}{2}$

第 3 章 1980 年试题

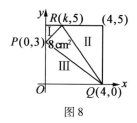

图 8

解 20 = 面积(Ⅰ + Ⅱ + Ⅲ + △PQR)

$= \frac{1}{2} \times 2 \times k + \frac{1}{2}(4-k) \times 5 + \frac{1}{2} \times 3 \times 4 + 8$

$= k + 10 - \frac{5k}{2} + 6 + 8 = 24 - \frac{3k}{2}$

所以 $k = \frac{8}{3}$. (B)

19. 当 x 是什么值时,$\frac{1}{x-3} < 4$ 是正确的?( ).

A. x 的所有的值

B. 除了 $3 \leqslant x \leqslant 3\frac{1}{4}$ 以外的 x 的所有的值

C. 仅是大于 $3\frac{1}{4}$ 的那些 x 的值

D. 只是小于 3 的那些 x 的值

E. 小于 $3\frac{1}{4}$ 的所有 x 的值

解 (ⅰ) 当 $x = 3$ 时,$\frac{1}{x-3}$ 无意义.

(ⅱ) 如果 $x > 3$,则 $x - 3 > 0$,因此

$\frac{1}{x-3} < 4 \Rightarrow 1 < 4x - 12$

$$\Rightarrow 4x > 13$$
$$\Rightarrow x > 3\frac{1}{4}$$

给出一部分解 $\{x : x > 3\frac{1}{4}\}$

(iii) 如果 $x < 3$,则 $x - 3 < 0$,因而

$$\frac{1}{x-3} < 4 \Rightarrow 1 > 4x - 12$$
$$\Rightarrow 13 > 4x$$
$$\Rightarrow x < 3\frac{1}{4}$$

得出一部分解 $\{x : x < 3\}$.

因此,完全解是 $\{x : x < 3\} \cup \{x : x > 3\frac{1}{4}\}$,即除了 $3 \leqslant x \leqslant 3\frac{1}{4}$ 以外的 x 的所有的值.　　　(B)

20. 如图9,一个圆周长为 6 cm 和高为 4 cm 的圆柱. 顶边上的点 P 是底边上的点 Q 的对点. 从 P 到 Q 沿该柱的表面的最短距离是多少?(　　).

A. $\sqrt{52}$ cm　　B. $(4 + \frac{6}{\pi})$ cm　　C. 5 cm

D. 7 cm　　E. $\sqrt{16 + \frac{36}{\pi^2}}$ cm

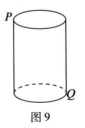

图9

解 如果圆柱面在点 P 割开且展平,如图 10,则可看出 $PQ^2 = 3^2 + 4^2$ 且 $PQ = 5$ cm.

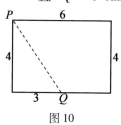

图 10

(C)

21. 对于使下式中的各项有定义的所有 x 的实数值

$$\cot \frac{1}{4}x - \cot x = \frac{\sin kx}{\left(\sin \frac{1}{4}x\right)(\sin x)}$$

k 的值是(　　).

A. $\dfrac{3}{8}$ 　　B. $\dfrac{5}{8}$ 　　C. $\dfrac{3}{4}$

D. $1\dfrac{1}{4}$ 　　E. $1\dfrac{1}{2}$

解 由于

$$\frac{\sin kx}{\left(\sin \frac{1}{4}x\right)(\sin x)} = \cot \frac{1}{4}x - \cot x$$

我们有

$$\sin kx = \cot \frac{x}{4} \sin \frac{x}{4} \sin x - \cot x \sin x \sin \frac{x}{4}$$

$$= \cos \frac{x}{4} \sin x - \cos x \sin \frac{x}{4}$$

$$= \sin\left(x - \frac{x}{4}\right)$$

$$= \sin\left(\frac{3}{4}x\right)$$

所以 $k = \frac{3}{4}$ 满足. (C)

22. 解方程

$$8^{\frac{1}{6}} + x^{\frac{1}{3}} = \frac{7}{3 - \sqrt{2}}$$

得到的 x 的值是( ).

A. $2\sqrt{2}$ B. 4 C. 8
D. 27 E. 64

解 重排且有理化

$$x^{\frac{1}{3}} = \frac{7}{3-\sqrt{2}} - 8^{\frac{1}{6}} = \frac{7(3+\sqrt{2})}{7} - \sqrt{2} = 3 + \sqrt{2} - \sqrt{2}$$

所以 $x = 3^3 = 27.$ (D)

23. 如图 11 所示, $PQRS$ 是一个平行四边形. QT 交 PR 于 V, 交 PS 于 U, 交 RS 于 T. 如果 $QU = 3$ 且 $QT = 6$, 则 QV 为( ).

A. 1 B. 1.5 C. 1.8
D. 2 E. 2.5

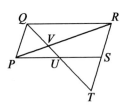

图 11

解 如图12，$\triangle TUS \backsim \triangle TQR$. 所以 $\dfrac{TS}{TR} = \dfrac{TU}{TQ} = \dfrac{3}{6} = \dfrac{1}{2}$ (也表明 S 是 TR 的中点). $\triangle QPV \backsim \triangle TRV$, 所以

$$\dfrac{QV}{TV} = \dfrac{QP}{TR} = \dfrac{TS}{TR} \ (QP = RS = TS)$$

$$= \dfrac{1}{2}$$

所以

$$QV = \dfrac{1}{3}QT = 2$$

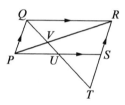

图12   (D)

24. 如图13所示，如果只有沿着线向下移动是允许的，那么从点 P 到点 Q 的路线的总数是( ).

A. 4 条　　B. 6 条　　C. 10 条

D. 20 条　　E. 40 条

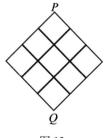

图13

解 图14中,在每一顶点上的数表示从 P 到那个顶点的路线数:

到 A 和 B 中的每一个,只有一条路;

到 C 只有一条路(由 A 到 C 只有一条路);

到 D 可由 $1+1=2$ 条路到达,或者经过 A 或经过 B(到这两者之一只有一条道路);

到 E 可由 $2+1=3$ 条路到达(两条经由 D 和一条经由 C).

按这种方式继续下去,表明有 20 条不同的路引向 Q.

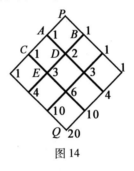

图14

(D)

注 这里说明的方法,可应用于具有任意复杂性的任意图,只要受只向下运动的这个同样的限制. 应该注意到这些数和帕斯卡三角形数的构造的类似性.

25. 设 f 是一个函数,使得对所有整数 m, n:

(ⅰ) $f(m)$ 是整数;

(ⅱ) $f(2) = 2$;

(ⅲ) $f(mn) = f(m)f(n)$;

(ⅳ)$f(m) > f(n)$.

当 $m > n$ 时,$f(3)$ 的值是( ).

A. 5　　　B. 3　　　C. 6

D. 4　　　E. 2

解　我们注意到

$$f(4) = f(2 \times 2)$$
$$= f(2) \times f(2) \quad (由(ⅲ))$$
$$= 2 \times 2 \quad (由(ⅱ))$$
$$= 4$$

现在

$$4 > 3 > 2 \Rightarrow f(4) > f(3) > f(2) \quad (由(ⅳ))$$
$$\Rightarrow 4 > f(3) > 2$$
$$\Rightarrow f(3) = 3 \quad (由(ⅰ)) \quad (\text{ B })$$

注　证明 $f(1) = 1$,且 f 是恒等函数,即 $f(n) = n$ 对所有自然数 n.

26. 五个正整数 x,y,z,u,v 之和等于它们的积. 如果 $x \leqslant y \leqslant z \leqslant u \leqslant v$,则不同的解 (x,y,z,u,v) 的个数是( ).

A. 0　　　B. 2　　　C. 3

D. 4　　　E. 5

解法 1　由于

$$1 \leqslant x \leqslant y \leqslant z \leqslant u \leqslant v$$
$$4 + v \leqslant x + y + z + u + v \leqslant 5v$$

即

$$4 + v \leqslant xyzuv \leqslant 5v$$
$$xyzu \leqslant 5$$

也有 $4 + v \leqslant xyzuv$. 所以 $4 \leqslant (xyzu - 1)v$, 即 $xyzu > 1$ 因此, 我们可以进一步断言 $2 \leqslant xyzu \leqslant 5$. 如表 1, 试一下各种可能性:

表 1

$x\ y\ z\ u$	和 = 积	是否是解?
1 1 1 2	$5 + v = 2v$ 即 $v = 5$	是
1 1 1 3	$6 + v = 3v$ 即 $v = 3$	是
1 1 2 2	$6 + v = 4v$ 即 $v = 2$	是
1 1 1 4	$7 + v = 4v$ 即 $v = \dfrac{7}{3}$	否
1 1 1 5	$8 + v = 5v$ 即 $v = 2$	否, 因 $v < u$

因此, 有 3 组不同的解. (C)

解法 2 给定满足 $0 < x \leqslant y \leqslant z \leqslant u \leqslant v$ 的整数 x, y, z, u, v, 我们有

$$x + y + z + u + v = xyzuv$$

即

$$\frac{1}{yzuv} + \cdots + \frac{1}{xyzu} = 1$$

因此, $xyzu \leqslant 5$. 因为 $x \neq v$, 且 $xyzu < 5$, 所以 $x = y = 1$.

如果 $z = 2$, 则 $u = 2$, 且 $6 + v = 4v$, 得出 $v = 2$. 如果 $z = 1$, 则 $u \leqslant 4$, 且 $3 + u + v = uv$, 得出 $u = 2$(且 $v = 5$) 或 $u = 3$(且 $v = 3$), 而 $u = 4$ 是不可能的. 所以有 3 组解.

第4章 1981年试题

1. $\dfrac{\dfrac{3}{8}+\dfrac{7}{8}}{\dfrac{4}{5}}$ 等于( ).

A. 1　　　　B. $\dfrac{21}{16}$　　　　C. $\dfrac{25}{32}$

D. $\dfrac{5}{16}$　　　　E. $\dfrac{25}{16}$

解 $\dfrac{\dfrac{3}{8}+\dfrac{7}{8}}{\dfrac{4}{5}}=\dfrac{10}{8}\times\dfrac{5}{4}=\dfrac{50}{32}=\dfrac{25}{16}.$　　(E)

2. 对不等于零的 n 的所有的值, $\dfrac{n^3-n}{n}$ 与下列哪个式子具有同样的值?( ).

A. n^3-1　　B. n^3　　C. n^2-1

D. n^2-n　　E. n

解 $\dfrac{n^3-n}{n}=\dfrac{n(n^2-1)}{n}=n^2-1\,(n\neq 0).$

(C)

3. 汽车行驶距离与所经历时间之间的关系的图形是图1所示的一条直线. 该图形指出这辆汽车是( ).

51

A. 速度加快　　　B. 放慢　　C. 上山行驶

D. 以常速度行驶　　E. 静止的

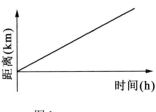

图1

解　由于此直线有一常(且非零)斜率,该汽车以常(以非零)速度行驶. 　　　　(D)

4. PQ 是一个中心为 O 的圆的直径. R 是圆周上的一点,使得 $PO = OQ = QR = 1$. 则 PR 的长度是( ).

A. $\sqrt{5}$　　　B. 1　　　C. $\dfrac{3}{2}$

D. $\sqrt{3}$　　　E. $\dfrac{\pi}{2}$

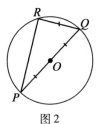

图2

解　如图3, $\angle PRQ$ 是直角. 所以(由毕达哥拉斯定理)

$$PR = \sqrt{2^2 - 1^2} = \sqrt{3}$$

第4章 1981年试题

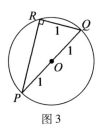

图3

(D)

5. 如果 $a=2, b=3$,则 $(2^{-a}+2^{-b})^{-1}$ 等于( ).

A. $\dfrac{2}{3}$ B. $\dfrac{8}{3}$ C. $\dfrac{1}{12}$

D. $\dfrac{3}{8}$ E. 12

解 如果 $a=2, b=3$,则

$$(2^{-a}+2^{-b})^{-1} = (2^{-2}+2^{-3})^{-1} = \left(\dfrac{1}{4}+\dfrac{1}{8}\right)^{-1}$$

$$= \left(\dfrac{3}{8}\right)^{-1} = \dfrac{8}{3}$$

(B)

6. 如图4所示,一个边长为5 cm的正方形盒子斜靠在垂直的墙上,R距墙面4 cm.P在地板之上的高度是( ).

A. $\sqrt{50}$ cm B. 7 cm C. 8 cm

D. $(3+\sqrt{5})$ cm E. 6 cm

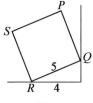

图4

解 如图5，$\triangle PXQ \cong \triangle QYR$（两角一夹边）．所以 $XQ = RY = 4$ cm. 由毕达哥拉斯定理，$QY = 3$ cm. 所以，P 在地板上面的高度是 $XQ + QY = 7$ cm.

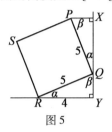

图5

(B)

7. 某人以每年10%的单利率投资1 000元，为期3年．如果这笔钱以每年10%的复利率投资同样的时间，他的收益可以增加多少？( )．

A. 没有   B. 10 元   C. 20 元

D. 21 元   E. 31 元

解 按3年的单利率投资人所得为

$$\left(1\,000 + 1\,000 \times \frac{10}{100} \times 3\right) = 1\,300(元)$$

按3年复利投资人所得为

$$\left(1\,000 \times \frac{110}{100} \times \frac{110}{100} \times \frac{110}{100}\right)$$

$= (1\,000 \times 1.331) = 1\,331(元)$

收益多得 $1\,331 - 1\,300 = 31$（元）．   (E)

8. 在图6中的圆内切于 $\triangle PQR$．$SR = 7$ cm，$QS = 4$ cm，$TP = 4$ cm．$\triangle PQR$ 的周长是( )．

A. 30 cm   B. 50 cm   C. 15π cm

D. 11π cm   E. 60 cm

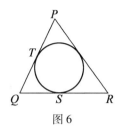

图6

解 如图7所示,r 表示圆半径以后,我们得出 $\triangle QOS \cong \triangle QOT$(两边及直角),所以 $QT = QS = 4$. 类似地,$PV = PT = 4$,且 $VR = SR = 7$. 所以周长是 30 cm.

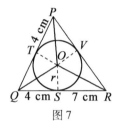

图7

(A)

9. 5^8 中有几位数字?(   ).

A. 4 位   B. 5 位   C. 6 位
D. 7 位   E. 8 位

解法 1 $5^8 = (5^2)^4 = 25^4 = (25^2)^2 = 625^2 = 390\,625$. 这有 6 位数字.

(C)

解法 2 几个不同的近似值是可能的,如
$$5^8 = 625^2 \approx 600^2 \approx 360\,000$$
或
$$5^8 = \frac{10^8}{2^8} = \frac{100\,000\,000}{256} \approx \frac{100\,000\,000}{250} = 400\,000$$

在近似范围内这些数表示 5^8 有 6 位数字.

10. 一个边长为 4 cm 的立方体由若干个边长为 1 cm 的小立方体构成,其中有一些小立方体恰好有四个面与其他小立方体的面相邻,这样的小立方体的个数是( ).

A. 0   B. 8   C. 24
D. 28   E. 16

解   (C)

11. 一个时钟在 12:35 两个指针之间的较小角是( ).

A. $\left(167\frac{1}{2}\right)°$ B. 150°   C. 165°

D. 180°   E. $\left(162\frac{1}{2}\right)°$

解 在一座钟上分针每小时转 360° 而时针每小时转 $\dfrac{360°}{12} = 30°$. 在 12:35 时两指针之间的角是

$$\frac{35}{60} \times 360° - \frac{35}{60} \times 30° = \frac{35}{60} \times 330° = 192\frac{1}{2}°$$

因此,较小角是 $360° - \left(192\frac{1}{2}\right)° = \left(167\frac{1}{2}\right)°$.

(A)

12. 这个边长为 16 和 9 的矩形以如图 8 所示的方式切割成三块. 当重排构成一个正方形时,其周长为( ).

A. 32   B. 36   C. 40
D. 48   E. 50

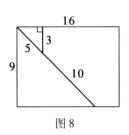

图8

解 该矩形的面积是 $16 \times 9 = 4^2 \times 3^2$. 这面积由边长为 12 的正方形给出,因而其周长为 48. (D)

注 最初一看,试图将矩形的几个部分拼成所求的正方形来解这个问题. 读者可以发现,一旦正方形的边长已被推断出,重排就简化了.

13. 方程 $\sin x° = \dfrac{x}{360}$ 的解的个数是( ).

A. 0   B. 1   C. 3

D. 5   E. 无穷

解 如图 9,图像表示曲线 $y = \sin x°$ 与直线 $y = \dfrac{x}{360}$ 恰好有 3 个交点.

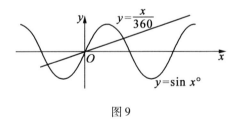

图9

所以方程 $\sin x° = \dfrac{x}{360}$ 有 3 个解. (C)

14. 两竖直的长杆,高为 20 m 和 80 m,分开竖立在水平面上,连接一个杆的上端点到另一个杆的下端点的两条直线的交点的高度是(   ).

A. 18 m   B. 50 m   C. 16 m

D. 15 m   E. $11\sqrt{2}$ m

解 设 h, x, y 是图10中所表示的距离, $\triangle PRQ \backsim \triangle TRV$, 则

$$\frac{x}{y} = \frac{20}{80} = \frac{1}{4}$$

所以

$$\frac{QR}{QT} = \frac{x}{x+y} = \frac{1}{1+4} = \frac{1}{5}$$

$\triangle QRS \backsim \triangle QTV$. 所以 $\frac{h}{80} = \frac{QR}{QT} = \frac{1}{5}$, 即

$$h = \frac{80}{5} = 16$$

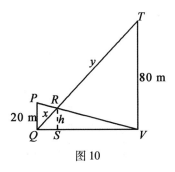

图 10

(C)

15. 一个直径为 13 cm 的球浮起在水面上,使得该球的顶点高于池水的平坦表面 4 cm. 由水面与球相接触而形成的圆的周长是多少?(   ).

A. 12π cm B. 18π cm C. 6π cm

D. $(4\sqrt{22})\pi$ cm E. 24π cm

解 图 11 是通过该球顶点的一个垂直截面. QP 是所求圆的半径. $OQ = \dfrac{13}{2} - 4 = \dfrac{5}{2}$,由毕达哥拉斯定理

$$PQ = \sqrt{\dfrac{169}{4} - \dfrac{25}{4}} = \sqrt{\dfrac{144}{4}} = 6$$

所以与水面接触的圆的周长是 $2\pi \times 6 = 12\pi$(cm).

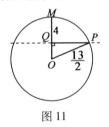

图 11

(A)

16. 如果 $v = \sqrt{2GM\left(\dfrac{1}{r} - \dfrac{1}{R}\right)}$,则 r 等于( ).

A. $\dfrac{2GMR}{v^2R - 2GM}$ B. $\dfrac{2GMR}{v^2R + 2GM}$ C. $\dfrac{2GM}{v^2R - 2GM}$

D. $\dfrac{2GM}{v^2 - 2GMR}$ E. $\dfrac{2GMR}{v^2R + 2GMR}$

解 如果 $v = \sqrt{2GM\left(\dfrac{1}{r} - \dfrac{1}{R}\right)}$,则 $v^2 = 2GM\left(\dfrac{1}{r} - \dfrac{1}{R}\right)$,即 $\dfrac{v^2}{2GM} = \dfrac{1}{r} - \dfrac{1}{R}$. 因此

$$\dfrac{1}{r} = \dfrac{v^2}{2GM} + \dfrac{1}{R} = \dfrac{v^2R + 2GM}{2GMR}$$

$$r = \frac{2GMR}{v^2R + 2GM}\qquad (\ B\ )$$

17. 当 $3^{1981} + 2$ 被 11 除时,余数是( ).

A. 5　　　　B. 0　　　　C. 7

D. 6　　　　E. 3

解 我们注意到

$$3^1 \equiv 3(\bmod 11),\ 3^2 \equiv 9(\bmod 11)$$
$$3^3 = 27 \equiv 5(\bmod 11),\ 3^4 = 81 \equiv 4(\bmod 11)$$
$$3^5 = 243 \equiv 1(\bmod 11)$$

所以

$$3^{1981} + 2 = 3(3^{1980}) + 2$$
$$= 3(3^5)^{396} + 2$$
$$\equiv 3(1)^{396} + 2(\bmod 11)$$
$$\equiv 3 + 2 = 5(\bmod 11)$$

$3^{1981} + 2$ 被 11 除余数是 5.　　　　(A)

18. 一个圆柱形水罐的圆形底的面积为 $1\ m^2$. 棱长为 20 cm 的一个实心立方体跌入水中,处于水的表面以下. 结果水面高度增加了多少?( ).

A. $\dfrac{\pi}{0.8}$ cm　　B. $\dfrac{0.8}{\pi}$ cm　　C. 0.8 cm

D. 8 cm　　E. 80 cm

解 该圆柱体有底面积 $1\ m^2 = 10\ 000\ cm^2$. 如果这个立方体浸入后水平面升高 h cm,则立方体的体积是 $10\ 000h\ cm^3$. 所以 $10\ 000h = 20^3 = 8\ 000$,即 $h = 0.8$.

(C)

19. 陈述 $|x + 1| + 2|x - 2| < 6$ 等价于( ).

A. $-1 < x < 2$　　B. $0 < x < 1$　　C. $-1 < x < 3$
D. $x < 2$　　　　　E. $x < -1$ 或 $x > 2$

解　对这样的问题通常最简单的是画出函数的图像(图12)s.

(i) 对 $x < -1, |x+1| + 2|x-2| = -x - 1 - 2(x-2) = -3x + 3$ (直线,斜率为 -3,交 y 轴于 $y = 3$).

(ii) 对 $-1 \leqslant x < 2, |x+1| + 2|x-2| = x + 1 - 2(x-2) = -x + 5$ (直线,斜率为 -1,交 y 轴于 $y = 5$).

(iii) 对 $x \geqslant 2, |x+1| + 2|x-2| = x + 1 + 2(x-2) = 3x - 3$ (直线,斜率为 3,交 y 轴于 $y = -3$).

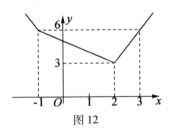

图 12

该图像与 $y = 6$ 只相交于 $x = -1$ 和 $x = 3$,因此解是 $-1 < x < 3$.　　　　　　　　　　　　　　(C)

20. 如果 n 是正整数,对所有 $n > 1, f(n) = f(n-1) + 2n - 1$,且 $f(1) = 1$,则 $f(2n)$ 是(　　).

A. $2n^2$　　　B. $4n^2$　　　C. n^2
D. $n^2 + 1$　　E. $2n$

解　为了求 $f(2)$ 考虑五个备选的公式:
如果 $f(2n) = 2n^2$,则 $f(2) = 2$;

如果 $f(2n) = 4n^2$,则 $f(2) = 4$;

如果 $f(2n) = n^2$,则 $f(2) = 1$;

如果 $f(2n) = n^2 + 1$,则 $f(2) = 2$;

如果 $f(2n) = 2n$,则 $f(2) = 2$.

但 $f(n) = f(n-1) + 2n - 1$. 所以, $f(2) = f(1) + 4 - 1 = 1 + 3 = 4$. 与此符合的仅有公式 $f(2n) = 4n^2$.

(B)

注 如果在这个问题中"以上皆非"是一个备选答案,则必须用归纳法验证公式 $f(2n) = 4n^2$.

21. 分数 $\dfrac{37}{13}$ 可写成形式

$$2 + \cfrac{1}{x + \cfrac{1}{y + \cfrac{1}{z}}}$$

其中 (x, y, z) 等于( ).

A. $(11, 2, 5)$ B. $(1, 5, 2)$ C. $(5, 2, 11)$

D. $(1, 2, 5)$ E. $(13, 11, 2)$

解 $\dfrac{37}{13} = 2 + \dfrac{11}{13}$

$= 2 + \dfrac{1}{\dfrac{13}{11}}$

$= 2 + \dfrac{1}{1 + \dfrac{2}{11}}$

$= 2 + \cfrac{1}{1 + \cfrac{1}{\dfrac{11}{2}}}$

$$= 2 + \cfrac{1}{1 + \cfrac{1}{5 + \cfrac{1}{2}}}$$

与给定分数比较,$(x,y,z) = (1,5,2)$.

(B)

注 像上面这样的表达式称为"连分数",所有有理数可以表示成连分数. 无理数不能表示成连分数,但很多无理数可以直接表示成"无限连分数". 例如

$$\sqrt{2} = 1 + \cfrac{1}{2 + \cfrac{1}{2 + \cfrac{1}{2 + \cdots}}}$$

这方面的有趣的描述可在 R. 柯朗和 H. 罗宾斯的《什么是数学》301 – 303(O. U. P. 1941) 中找到.

22. 1981 年 1 月 1 日是星期四,20 世纪第一天(1901 年 1 月 1 日) 是( ).

A. 星期二　　B. 星期三　　C. 星期四

D. 星期五　　E. 星期六

解 从 1901 年 1 月 1 日到 1981 年 1 月 1 日有 80 年,其中 20 年是闰年而 60 年不是闰年. 过去的日子是 $20 \times 366 + 60 \times 365 = 29\ 220 = (4\ 174 \times 7) + 2$. 因此在 1981 年 1 月 1 日星期四之前 20 世纪已过去 4 174 周零两天,20 世纪第一天是星期二.

(A)

23. 在一次曲棍球联赛中,每个队与其他每个队比赛一次,最后的联赛成绩记录表为

	胜	平	负	得分
隼队	1	2	0	4
鹫队	1	1	1	3
雕队	1	1	1	3
鹰队	1	0	2	2

如果鹰队仅战胜鹫队,则( ).

A. 雕队击败鹫队,但负于鹰队

B. 隼队战胜鹫队或雕队

C. 在对鹰队的比赛中,鹫队比雕队胜得多

D. 在对雕队的比赛中,隼队比鹫队胜得多

E. 雕队除了对鹫队外,没有败过

解法 1 这是循环赛局面,其中每队与每一其他队比赛,且这个问题可用构造如下的胜负平局表来回答,下表显示了每一场单独比赛的详情.

首先,由于隼队有两场平局,且鹫队和雕队各有一场平局,平局发生在隼队对鹫队和隼队对雕队的比赛中,隼队的剩下的一场是胜的,所以这必是对鹰队的,而且我们已得知鹰队打败了鹫队,以上信息可在表 1 表示出:

表 1

	隼	鹫	雕	鹰
隼队		平	平	赢
鹫队	平			输
雕队	平			
鹰队	输	赢		

第4章 1981年试题

其余信息现在可由最后的联赛成绩记录表而填满,鹭队有一胜,故这必是对雕队的,鹰队有一胜和两负,所以必负于雕队.这也给我们两个缺掉的雕队的结果.

(E)

解法2 表1显示隼队对鹭队和雕队是平局,我们已得知鹰队胜鹭队,这展示在图13上,用双线表平局,从负者到胜者用一有向线表示.

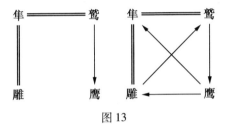

图13

再按这表继续进行,容易完成图解.因此雕队除了对鹭队外没有败过.

24. 如图14所示,一个以 O 为圆心、半径为 $2\,cm$ 的圆包含三个较小的圆.其中两个小圆与外圆相切且彼此相切于 O,而第三个小圆与其他的每个圆相切.这个最小圆的半径是( ).

A. $\dfrac{2}{3}m$ B. $\dfrac{1}{2}m$ C. $\dfrac{1}{3}m$

D. $1\,m$ E. $\dfrac{5}{6}m$

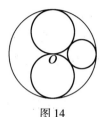

图14

解 设最小圆的半径为 r. 由于 $OS = 2, OT = 2 - r$. 在 $\triangle POT$ 中用毕达哥拉斯定理, $(2-r)^2 + 1^2 = (r+1)^2$. 因此, $4 - 4r + r^2 + 1 = r^2 + 2r + 1$, 即 $4 = 6r$, 即 $r = \dfrac{2}{3}$.

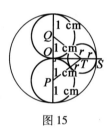

图15

(A)

25. 一个粗心的办公室工友,把四封信放入四个信封中,有多少种不同的方式使得没有一个信封装入正确的信?( ).

A. 4 种   B. 9 种   C. 12 种

D. 6 种   E. 24 种

解法1 如果我们考虑数字 1,2,3,4 的 24 个排列,且删去所有以 1 在第一位置的(即第一封信在它的正确的信封中),2 在第二位置的,3 在第三位置的或 4 在第四位置的那些,我们剩下以下这些排列

2	1	4	3		2	4	1	3		2	3	4	1
3	1	4	2		3	4	1	2		3	4	2	1
4	1	2	3		4	3	1	2		4	3	2	1

所以有 9 种不同方式. (B)

解法 2 这个问题是称为重排的问题的一个特殊情形,一个重排是 $1,2,\cdots,n$ 的一个排列,使得没有一个数出现在它的原来位置中,例如,23514 是 12345 的重排而 23541 不是. 以下公式给出了数 $1,2,3,\cdots,n$ 的重排数 $D(n)$

$$D(n) = n!\left(1 - \frac{1}{1!} + \frac{1}{2!} - \frac{1}{3!} + \cdots + (-1)^n \frac{1}{n!}\right)$$

这里 $n!$ 称为 n 阶乘,等于 $n \times (n-1) \times (n-2) \times \cdots \times 3 \times 2 \times 1$ (例如 $4! = 4 \times 3 \times 2 \times 1 = 24$).

所以这个"粗心的工友与四封信"问题是上面公式当 $n = 4$ 时的一个特殊情形,其中

$$\begin{aligned} D(4) &= 4!\left(1 - \frac{1}{1!} + \frac{1}{2!} - \frac{1}{3!} + \frac{1}{4!}\right) \\ &= 24\left(1 - 1 + \frac{1}{2} - \frac{1}{6} + \frac{1}{24}\right) \\ &= 9 \end{aligned}$$

26. 三个裁判员在一次才能评比中必须对三个表演者 A, B 和 C 公开投票,列出他们的优先次序. 有多少种方式使得裁判员投票结果是其中两个裁判的优先次序一致而与第三者不同?( ).

A. 45 种   B. 90 种   C. 30 种

D. 120 种   E. 24 种

解 有六种可以能优先次序,持异议的裁判可以是3个裁判之一,且有6种不同投票方式. 另外两个有5种投票方式,所以投票方式总数是 $3 \times 6 \times 5 = 90$.

(B)

27. 如图16所示,点 S 和点 T 将 $Rt\triangle PQR$ 的斜边三等分,RS 的长度是 $7\,cm$,且 RT 的长度是 $9\,cm$,则 ST 的长度是( ).

A. $\sqrt{15}\,cm$ B. $6\,cm$ C. $\sqrt{26}\,cm$

D. $\sqrt{32}\,cm$ E. $5\,cm$

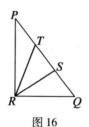

图 16

解 如图17所示,作直线 TA, TD, SB, SE. 设 EQ 和 ES 分别有长度 $x\,cm$ 和 $y\,cm$. $\triangle PAT, \triangle TCS$ 和 $\triangle SEQ$ 是全等的(两角一夹边). 所以 $AT = CS = x$. 所以 D 和 E 三等分 PQ. 类似地,A 和 B 三等分 PR. 在 $\triangle SRE$ 中,$RE^2 + ES^2 = 7^2$,即

$$4x^2 + y^2 = 49 \qquad (1)$$

类似地,由 $\triangle ATR$

$$x^2 + 4y^2 = 81 \qquad (2)$$

(1) + (2) 给出 $5x^2 + 5y^2 = 130$,或 $x^2 + y^2 = 26$.

但 $ST^2 = SQ^2 = x^2 + y^2 = 26$，即 $ST = \sqrt{26}$.

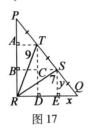

图17

(C)

28. 把27个点这样安置在一个立方体上,使得每一个角上有一点,每条棱的中点上有一点,每个面的中心上有一点,立方体的中心上有一点,由位于一条直线上的三个点组成的集合有多少个?(　　).

A. 84 个　　B. 72 个　　C. 49 个

D. 42 个　　E. 27 个

解法1　如图18,平行于 x 轴有9条直线. 考虑 y 轴与 z 轴,一起给出 $3 \times 9 = 27$ 条直线,平行于 xy 平面的三个平面中的每一个有两条对角线,考虑 yz 和 zx 平面,一起给出 $3 \times 3 \times 2 = 18$ 条直线,该立方体有4条对角线,直线总数等于 $27 + 18 + 4 = 49$.

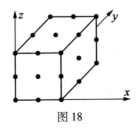

图18

(C)

解法 2 考虑该立方体的一个面,标号如图 19 所示,也设 X 表示立方体的中心,我们计算这面上,或由此面出发且通过 X 的直线数,也计算在其上这些直线数的面的个数:

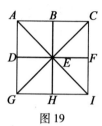

图 19

表 2

直线数	直线	计数次数
4	AC, CI, IG, GA	2
4	AI, BH, CG, FD	1
1	从 E 通过 X	2
4	从 B, F, H, D 过 X	4
4	从 A, C, I, G 过 X	6

如表 2,这样考虑所有 6 个面,直线的总数是

$$6\left(4 \times \frac{1}{2} + 4 \times 1 + 1 \times \frac{1}{2} + 4 \times \frac{1}{4} + 4 \times \frac{1}{6}\right) = 49$$

解法 3 追随马尼托巴大学的列奥·莫泽对这一类似问题(《美国数学月刊》,1948,p.99,问题 $E773$)的出色解法,考虑一个 $5 \times 5 \times 5$ 的立方体,装入一个给定的具有单位厚度外壳 $3 \times 3 \times 3$ 的立方体. 在内部的 $3 \times 3 \times 3$ 的立方体中的得分线向两个方向延长,刺穿外壳上两个单位立方体且外壳中每个单位立方体只被

一条得分线所刺穿. 这样每条得分线对应于外壳中唯一的一对单位立方体, 且得分线数简单地是外壳中单位立方体数的一半, 即 $\dfrac{5^3-3^3}{2}=49$.

注　这方法是完全一般的, 对 n 维空间中棱长为 k 的立方体得分线数是 $\dfrac{(k+2)^n-k^n}{2}$.

第5章 1982年试题

1. $9^3 \times 3^2$ 的值是(   ).

A. 27^5 B. 27^6 C. 3^7

D. 3^8 E. 3^{12}

解 $9^3 \times 3^2 = (3^2)^3 \times 3^2 = 3^6 \times 3^2 = 3^8$.

(D)

2. 数1 982中的四个数字按递减次序排列再按递升次序排列. 所得两数之差是(   ).

A. 8 668   B. 909   C. 8 642

D. 8 532   E. 1 982

解 $9\,821 - 1\,289 = 8\,532$.   (D)

3. $0.3^3 - 0.2^2$ 等于(   ).

A. 0. 5   B. 0. 23   C. -0.13

D. -0.013 E. 0. 05

解 $0.3^3 - 0.2^2 = 0.027 - 0.04 = -0.013$.

(D)

4. $(3 + \sqrt{5})(6 - 2\sqrt{5})$ 等于(   ).

A. $9 - \sqrt{5}$ B. $8 - \sqrt{5}$ C. $\sqrt{5} - 9$

D. 8   E. -4

解法1 $(3 + \sqrt{5})(6 - 2\sqrt{5}) = (3 + \sqrt{5})(3 - \sqrt{5})2 = 2(9 - 5) = 8$.   (D)

解法 2 $(3+\sqrt{5})(6-2\sqrt{5})=$
$3(6-2\sqrt{5})+\sqrt{5}(6-2\sqrt{5})=$
$18-6\sqrt{5}+6\sqrt{5}-10=$
8

5. 一个整数的平方称为完全平方. 如果 n 是一个完全平方,则比 n 大的下一个完全平方是( ).

A. $n+1$ B. n^2+1 C. n^2+2n+1

D. n^2+n E. $n+2\sqrt{n}+1$

解 完全平方 n 是 $\sqrt{n}$ 的平方. 下一个完全平方是 $(\sqrt{n}+1)^2=n+2\sqrt{n}+1$.   (E)

6. 方程 $2x^2+14x+17=0$ 的根的平均值是( ).

A. $\dfrac{17}{4}$ B. -7 C. $\dfrac{\sqrt{15}}{9}$

D. $\dfrac{7}{2}$ E. $-\dfrac{7}{2}$

解法 1 我们利用以下结果:方程 $ax^2+bx+c=0$ 的两根之和 $\alpha+\beta$ 由 $\alpha+\beta=\dfrac{-b}{a}$ 给出. 因此,两根的平均数是 $\dfrac{\alpha+\beta}{2}=\dfrac{-b}{2a}$. 在这种情形下 $a=2,b=14$,所以, $\dfrac{-b}{2a}=\dfrac{-14}{2\times2}=-\dfrac{7}{2}$.   (E)

解法 2 方程 $2x^2+14x+17=0$ 的根是
$$x=\dfrac{-14\pm\sqrt{196-8\times17}}{4}$$

其平均数是

$$\frac{1}{2}\left(\frac{-14+\sqrt{196-8\times17}}{4}+\frac{-14-\sqrt{196-8\times17}}{4}\right)$$

即

$$\frac{1}{2}\left(\frac{-14}{4}+\frac{-14}{4}\right)=-\frac{14}{4}=-\frac{7}{2}$$

7. 某物质每分钟增加其体积的一倍. 在上午9时,把少量物质放在一个容器内,而在上午10时该容器恰好被全部充满. 当容器充满到$\frac{1}{4}$时的时间是( ).

  A. 上午9:15 B. 上午9:30 C. 上午9:45

  D. 上午9:50 E. 上午9:58

解 由于每分钟体积增加一倍,它在上午9:59时充满一半,在上午9:58时充满$\frac{1}{4}$. (E)

8. 用七根火柴以这样的方式构造三角形,使得三角形的周长是七根火柴的总长度,可构造出多少个不同的三角形?( ).

  A. 0个 B. 1个 C. 2个

  D. 3个 E. 4个

解 七根火能组合以下长度:(1,1,5),(1,2,4),(1,3,3) 或 (2,2,3).

  前面的两组不构成三角形,因为两较小边长度的和不大于第三边的长度. 因此,只存在两个不同的三角形(图1).

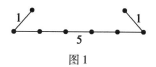

图1

(C)

9. 给定一个直角三角形,其一边长度是另一边长度的两倍. 该三角形的面积是( ).

A. 40 B. 50 C. $\dfrac{50}{9}$

D. $\dfrac{100}{3}$ E. 20

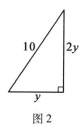

图2

解 由毕达哥拉斯定理,$10^2 = y^2 + (2y)^2 = y^2 + 4y^2$. 所以 $100 = 5y^2$,即 $y^2 = 20$. 所以,面积 $= \dfrac{1}{2} \times$ 底 $\times$ 高 $= \dfrac{1}{2} \times y \times 2y = y^2 = 20$. (E)

10. 如图3所示,半径为 10 cm 的轮子放在 5 cm 高的台阶上,推动轮子绕点 Q 旋转,直到其中心位于 Q 的正上方. 现在轮辐 OQ 已经转过的角等于( ).

A. 30° B. 75° C. 45°
D. 60° E. 90°

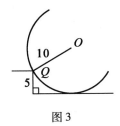

图3

解 如图4所示,设点 A,B,C 这里 B 是与地面的切点. 过 Q 作 CQ. 所求 $\angle \alpha$. 现 $OB = OQ = 10, AB = QC = 5$. 所以 $OA = OB - AB = 10 - 5 = 5$. 这样 $\cos \angle \alpha = \dfrac{OA}{OQ} = \dfrac{5}{10} = \dfrac{1}{2}$,即 $\angle \alpha = 60°$.

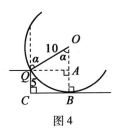

图4

(D)

11. 网球常常放在一个圆柱形容器中,每个容器刚好包含3个球,球与容器各面相切(三球的中心在一直线上). 容器被球所占部分的体积与容器的体积之比是多少?(半径为 r 的球体积是 $\dfrac{4}{3}\pi r^3$)(   ).

A. $\dfrac{2\pi}{3}$ B. $\dfrac{2}{3}$ C. $\dfrac{\pi}{4}$

D. $\dfrac{3}{4}$ E. 以上皆非

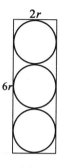

图5

解 如果 r 是网球的半径,则所求圆柱必有高 $6r$ 和半径 r. 其体积将是 $\pi r^2(6r)=6\pi r^3$. 3个球的体积是 $3\times\dfrac{4}{3}\pi r^3=4\pi r^3$. 所求的体积比是 $\dfrac{4\pi r^3}{6\pi r^3}=\dfrac{2}{3}$.

(B)

12. 如图6, OPQ 是一个 $\dfrac{1}{4}$ 圆,且在 OP 和 OQ 上画半圆. a 和 b 是有阴影的部分. 求 $\dfrac{a}{b}$. (   ).

A. $\dfrac{1}{\sqrt{12}}$ B. $\dfrac{1}{2}$ C. $\dfrac{\pi}{4}$

D. 1   E. $\dfrac{\pi}{3}$

图6

解 设 $\frac{1}{4}$ 圆 OPQ 的半径是 $2r$,且两个半圆的半径是 r,我们观察到 $\frac{1}{4}$ 圆的面积等于 OP 和 OQ 上两个半圆的面积 $+b-a$. 因此,$\frac{1}{4}\pi(2r)^2 = \frac{1}{2}\pi r^2 + \frac{1}{2}\pi r^2 + b - a$,即 $\pi r^2 = \pi r^2 + b - a$,即 $a = b$,即 $\frac{a}{b} = 1$.

(D)

13. 我的孩子们的实际年龄之积是 1 664. 最小的孩子的年龄至少是最大的孩子的一半. 我是 50 岁. 我有几个孩子?( ).

A. 2 个   B. 3 个   C. 4 个

D. 5 个   E. 6 个

解 注意
$$1\ 664 = 2 \times 2 \times 2 \times 2 \times 2 \times 2 \times 2 \times 13 = 2^7 \times 13$$
我们可以找到最大孩子的可能年龄从而找到最小孩子的年龄. 由此剩下的孩子年龄之积可推断出表 1:

表 1

最大的	最小的	其余孩子年龄之积	是否正确?
13	8	16	不
16	8	13	是
16	13	8	不
26	16	4	不
32	26	2	不

第5章 1982年试题

由此,推出有3个孩子,年龄为16,13和8岁.

(B)

14. 循环小数 $1.4\dot{5}\dot{1}$(即 1.451 515 151…)等于( ).

A. $\dfrac{459}{290}$ B. $\dfrac{463}{310}$ C. $\dfrac{469}{320}$

D. $\dfrac{479}{330}$ E. $\dfrac{487}{340}$

解法1 如果

$$x = 1.4\dot{5}\dot{1}$$

则

$$10x = 14.5151\cdots \quad (1)$$
$$1\,000x = 1\,451.5151\cdots \quad (2)$$

(2)-(1)

$$990x = 1\,437$$

所以

$$1.4\dot{5}\dot{1} = \dfrac{1\,437}{990} = \dfrac{479}{330} \quad (D)$$

解法2 小数的重复部分可表示成首项为 $\dfrac{51}{1\,000}$ 公比为 $\dfrac{1}{100}$ 的无穷几何级数,且其极限和可求得

$$1.4\dot{5}\dot{1} = 1.4 + 0.0\dot{5}\dot{1}$$
$$= 1.4 + \left(\dfrac{51}{1\,000} + \dfrac{51}{100\,000} + \cdots\right)$$

$$= \frac{14}{10} + \frac{\frac{51}{1\,000}}{1 - \frac{1}{100}} = \frac{14}{10} + \frac{51}{100 - 10}$$

$$= \frac{14}{10} + \frac{51}{990} = \frac{14}{10} + \frac{17}{330} = \frac{14 \times 33 + 17}{330}$$

$$= \frac{479}{330}$$

15. 一个菱形的面积为一个具有同样边长的正方形面积的一半. 其长对角线与短对角线之比是( ).

A. $2 + \sqrt{3}$ B. $2 - \sqrt{3}$ C. $\frac{1}{2}$

D. 2   E. $\sqrt{3}$

解 设该菱形的对角线长度是 $2a$ 和 $2b$, 如图7所示 ($a > b$). 由毕达哥拉斯定理, 边长是 $\sqrt{a^2 + b^2}$. 由于该正方形面积是这个菱形面积的两倍, $AC^2 = 2 \times (2 \times \triangle ABC$ 的面积). 因此 $a^2 + b^2 = 2(2ab)$, 两边除以 b^2, 即得 $\frac{a^2}{b^2} + 1 = 4\left(\frac{a}{b}\right)$. 所以, $\left(\frac{a}{b}\right)^2 - 4\left(\frac{a}{b}\right) + 1 = 0$, 且

$$\frac{a}{b} = \frac{4 \pm \sqrt{16 - 4}}{2} = \frac{4 \pm 2\sqrt{3}}{2} = 2 \pm \sqrt{3}$$

由于 $a > b$, 由此得 $\frac{a}{b} > 1$, 且所求的比, $\frac{a}{b} = 2 + \sqrt{3}$.

第5章 1982年试题

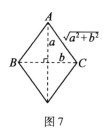

图7

(A)

16. 解方程 $\sqrt{7x} - \sqrt{3x} = 4$, x 的值是( ).

A. $10 + 2\sqrt{21}$ B. $10 - 2\sqrt{21}$ C. $\sqrt{7} + \sqrt{3}$

D. $\sqrt{7} - \sqrt{3}$ E. 4

解法1 由于 $\sqrt{7x} - \sqrt{3x} = 4 = 7 - 3$,我们有

$$\sqrt{x}(\sqrt{7} - \sqrt{3}) = (\sqrt{7} - \sqrt{3})(\sqrt{7} + \sqrt{3})$$

即 $\sqrt{x} = \sqrt{7} + \sqrt{3}$,或

$$x = 7 + 3 + 2\sqrt{21} = 10 + 2\sqrt{21} \quad (A)$$

解法2 由于 $\sqrt{7x} - \sqrt{3x} = 4$,两边的平方得 $7x + 3x - 2\sqrt{21x^2} = 16$. 除以2后给出

$$5x - 8 = \sqrt{21x^2} \tag{1}$$

式(1)的两边平方得 $25x^2 - 80x + 64 = 21x^2$ 再除以4得 $x^2 - 20x + 16 = 0$. 所以

$$x = \frac{20 \pm \sqrt{400 - 64}}{2} = \frac{20 \pm 4\sqrt{21}}{2} = 10 \pm 2\sqrt{21}$$

现在注意如果 $x = 10 - 2\sqrt{21} = 10 - \sqrt{84}$,则 $0 < x < 1$ 且 $-8 < 5x - 8 < -3$. 因此,与式(1)比较,左边

是负的而右边非负. 所以 $x = 10 - 2\sqrt{21}$ 不可取,而 $x = 10 + 2\sqrt{21}$ 是所需的解.

17. 当三位数 $6a3$ 和 $2b5$ 相加在一起时,其答案是一个被9除尽的数. $a+b$ 的可能的最大值是(   ).

A. 12　　　　B. 9　　　　C. 2

D. 20　　　　E. 以上皆非

解法1 将这两个数相加并将其中是9的倍数的那些部分分离出来,有

$$6a3 + 2b5 = 600 + 10a + 3 + 200 + 10b + 5$$
$$= 808 + 10a + 10b$$
$$= 801 + 9a + 9b + a + b + 7$$
$$= 9(89 + a + b) + (a + b + 7)$$

由于 $0 \le a \le 9$ 且 $0 \le b \le 9, 0 \le a + b \le 18$. 如果 $a+b+7$ 被9除尽,则 $a+b = 2$ 或 11. 因此可能的最大值是 11. 　　　　　　　　　　　　　　(E)

解法2 设 $N = 6a3 + 2b5$. 或者 $a+b < 10$,或者 $a+b \ge 10$. 那么 $N = 8(a+b)8$,或 $N = 9(a+b-10)8$. 但 $9 \mid N$. 因此, $a+b = 2$ 或 $a+b-10 = 1$,且 $a+b = 11$ 是 $a+b$ 可能的最大值.

18. 两条直线相交成 $45°$. 如果其中一条直线的斜率为2,另一条直线的斜率的两个可能值是(   ).

A. $\dfrac{1}{3}$ 或 -2　　B. $-\dfrac{1}{3}$ 或 3　　C. $\dfrac{1}{3}$ 或 -3

D. $\frac{1}{3}$ 或 1   E. $\pm\frac{1}{3}$

解 设 AB 是斜率为2的给定直线。如果 $\angle\alpha$ 是 x 轴的交角,则 $\tan\angle\alpha = 2$. 如图8所示,设 AD 和 AC 与 AB 相交成 $45°$ 角,则 AD 的斜率是

$$\tan(\angle\alpha - 45°) = \frac{\tan\angle\alpha - \tan 45°}{1 + \tan\alpha\tan 45°}$$

$$= \frac{2-1}{1+2\times 1} = \frac{1}{3}$$

因 $AC \perp AD, AC$ 的斜率等于 -3.

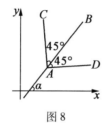

图8

(C)

19. 如果 p 和 q 是正整数,$p > q$,且 $(p+q)^2 - (p-q)^2 > 29$,则 p 的可能的最小值是( ).

A. 7   B. 3   C. 6

D. 4   E. 5

解 由于 $(p+q)^2 - (p-q)^2 > 29$,那么

$$p^2 + 2pq + q^2 - (p^2 - 2pq + q^2) > 29$$

即 $4pq > 29$ 或 $pq > 7\frac{1}{4}$. 由于 p 和 q 是正整数且 $p > q$

澳大利亚中学数学竞赛试题及解答(高级卷)1978—1984

p	pq 的最大值
1	—
2	$2 \times 1 = 2$
3	$3 \times 2 = 6$
4	$4 \times 3 = 12$

所以,4 是 p 的最小的可能的值. (D)

20. 求满足 $\sin 6x + \cos 4x = 0$ 的最小正角 x 的度数?( ).

A. $27°$ 　　B. $63°$ 　　C. $9°$

D. $45°$ 　　E. $18°$

解法 1 用三角恒等式

$$\cos \angle \theta = \sin(90° - \angle \theta)$$

$$\sin \angle C + \sin \angle D = 2\sin \frac{\angle C + \angle D}{2} \cos \frac{\angle C - \angle D}{2}$$

我们有

$$\sin 6x + \cos 4x = \sin 6x + \sin(90° - 4x)$$
$$= 2\sin(45° + x)\cos(5x - 45°)$$
$$= 0$$

当

$$\sin(45° + x) = 0$$

或

$$\cos(5x - 45°) = 0$$

寻找 x 的最小正值: $45° + x = 180°$ 或 $5x - 45° = 90°$,即 $x = 135°$ 或 $x = 27°$. (A)

解法 2 试算各种备选值,由最小的开始:

如果 $x = 9°$,则
$$\sin 6x + \cos 4x = \sin 54° + \cos 36° \neq 0$$

如果 $x = 18°$,则
$$\sin 6x + \cos 4x = \sin 108° + \cos 72°$$
$$= \sin 72° + \cos 72° \neq 0$$

如果 $x = 27°$,则
$$\sin 6x + \cos 4x = \sin 162° + \cos 108°$$
$$= \sin 18° - \cos 72°$$
$$= \cos 72° - \cos 72° = 0$$

21. 记号 $a \equiv b \pmod{m}$ 表示 $a-b$ 被 m 整除,其中 a,b 和 m 是整数. 对以下陈述中的哪一个存在整数 x 使它为真?(   ).

A. $2x \equiv 3 \pmod{12}$ B. $3x \equiv 7 \pmod{12}$
C. $6x \equiv 11 \pmod{12}$ D. $5x \equiv 9 \pmod{12}$
E. $10x \equiv 5 \pmod{12}$

解 考虑各备选答案:

选项 A,$2x \equiv 3 \pmod{12} \Rightarrow \dfrac{2x-3}{12} = \dfrac{2(x-1)-1}{12}$

是一整数. 这是错的,因为分子是奇数而分母是偶数.

选项 B,$3x \equiv 7 \pmod{12} \Rightarrow \dfrac{3x-7}{12} = \dfrac{3(x-2)-1}{12}$

是一整数. 这是错的,因为 3 除尽分母而不除尽分子.

选项 C,$6x \equiv 11 \pmod{12} \Rightarrow \dfrac{6x-11}{12} = \dfrac{6(x-2)+1}{12}$ 是一整数. 这是错的,因为 6 除尽分母而

除不尽分子.

选项 D,$10x \equiv 5 \pmod{12} \Rightarrow \dfrac{10x-5}{12} = \dfrac{2(5x-2)-1}{12}$ 是一整数. 这是错的,因为分子是奇数,分母是偶数.

选项 E,$5x \equiv 9 \pmod{12} \Leftrightarrow \dfrac{5x-9}{12}$ 是整数,如果 $x=9$,这是对的. (D)

22. 如图 9 所示,$\angle RPQ$ 是一直角,ST 平行于 PR. $PQ = 6$ cm,$PR = 8$ cm,$ST = 4$ cm. $\triangle RQT$ 的面积是( ).

A. 12 cm^2　　　B. 24 cm^2　　　C. 6 cm^2

D. 16 cm^2　　　E. 由给定信息不能确定

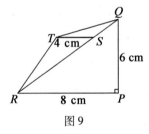

图 9

解法 1 如图 10,延长 TS 交 QS 于 S',则

$\triangle RQT$ 的面积 = $\triangle TSQ$ 的面积 + $\triangle TSR$ 的面积

$$= \dfrac{1}{2} TS \times QS' + \dfrac{1}{2} TS \times S'P$$

因为 QS' 和 $S'P$ 分别是 $\triangle TSQ$ 和 $\triangle TSR$ 的高,且上式等于

$$\frac{1}{2}TS(QS' + S'P) = \frac{1}{2}TS \times QP = \frac{1}{2} \times 4 \times 6 = 12 \text{ cm}^2$$

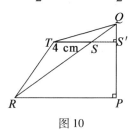

图 10

(A)

解法 2 如图 11，在本问题中 S 的位置未指定，因而可假定与 Q 重合．这样

$\triangle RQT$ 的面积 $= \frac{1}{2}TQ \times QP = \frac{1}{2} \times 4 \times 6 = 12 \text{ (cm}^2\text{)}$

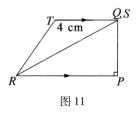

图 11

23. 每只羊的价格为 40 元，每头牛的价格为 65 元，每只鸡的价格为 2 元．如果一个农民购买这些动物共 100 只共花费 3 279 元，则他必定购买了(　　)．

A. 35 只羊和多余 42 只鸡

B. 42 只鸡和不定数量的羊和牛

C. 偶数只羊

D. 23 只羊和奇数头牛

E. 31 头牛和 42 只鸡

解 不管买多少只羊,它们价钱以元计末位为0. 鸡的价钱是偶数. 由于总价钱末位为9,牛的头数必是奇数,其价钱末位为5,而鸡的只数必须使得它们的价钱末位为4. 这样有 $2n+1$ 头牛和 $5m+2$ 只鸡(m 和 n 是整数). 用减法有 $(97-2n-5m)$ 只羊. 这些总花费为

$$3\,279 = 65(2n+1) + 2(5m+2) +$$
$$40(97-2n-5m)$$
$$= 3\,949 + 50n - 190m$$

所以 $190m - 50n = 670$,因而 $n = \dfrac{19m-67}{5}$. 现在如果分子被5除尽,$19m$ 必以7或2结尾,所以 m 必须以3或8结尾.

如果 $m=3$,则 $n<0$:不可能.

如果 $m=8$,则 $n=17$:42只鸡,35头牛,23只羊.

如果 $m=13$,则 $n=36$:65只鸡,73头牛:即动物太多,超过100,因此该农民买42只鸡,35头牛,23只羊. (D)

注 有许多解答这个问题的其他方法.

24. 如图12,$\angle QPR$,$\angle Q$ 和 $\angle R$ 都是45°,线段 QS 和 RS 延长后分别垂直于 PQ 和 PR. 如果 $PS=20$,则从 Q 到 R 的距离是( ).

A. 20   B. $20\sqrt{2}$ C. $\dfrac{20}{\sqrt{2}}$

D. $10\sqrt{3}$ E. 10

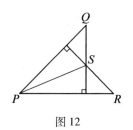

图 12

解法 1 设 X 和 Y 是如图 13 所示的点. 在 $\triangle QXS$ 中, $\angle XQS = 45°$(已知), 所以 $\angle QSX = 45°$, 因此, $\triangle SXQ$ 是等腰三角形, 且

$$QX = SX \qquad (1)$$

$\triangle PXR$ 也是等腰三角形, 所以

$$RS = PX \qquad (2)$$

此外

$$\angle PXS = 90° = \angle RXQ \qquad (3)$$

由(1),(2) 和(3) 必然有 $\triangle PXS \cong \triangle RQX$(两边一夹角). 所以 $RQ = PS = 20$.

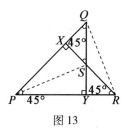

图 13

(A)

解法 2 如图 14,在问题中 S 的位置指定,因而可假设与 Q 重合. $\triangle PSR$ 是等腰三角形,所以 $QR = SR = SP = 20$.

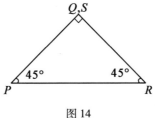

图 14

25. 一副扑克牌共 16 张, 其中包含 4 张 A, 4 张 K, 4 张 Q 和 4 张 J. 把这 16 张牌撤底打乱, 而我的对手(他永远说真话)从这副牌中同时随机地抽出两张. 他说: "我至少有 1 张 A". 在他手中有两张 A 的可能性是( ).

A. $\dfrac{1}{5}$ B. $\dfrac{3}{16}$ C. $\dfrac{1}{6}$

D. $\dfrac{2}{15}$ E. $\dfrac{1}{9}$

解 设 C_1 是牌 1(第一次抽的)且 C_2 是牌 2(第二次抽的).

N_1 = 恰好包含 1 张 A 的牌对的总数
= C_1 = 4 张 A 之一, C_2 = 12 张非 A 之一或(C_1 = 12 张非 A 之一, C_2 = 4 张 A 之一) 的牌对数
= $4 \times 12 + 12 \times 4 = 96$

N_2 = 两张都是 A 的牌对总数
= 其中 C_1 = 4 张 A 之一, C_2 = 其余 3 张 A 之一的牌对数
= $4 \times 2 = 12$

所以在至少一张是 A 的条件下给出两张 A 的概率

为
$$\frac{N_2}{N_1 + N_2} = \frac{1}{9} \qquad (\text{ E })$$

26. 今天蒂娜(Tina)和路易斯(Louise)两人同时庆祝他们的生日. 3 年后, 蒂娜的年龄将是蒂娜比路易斯今天的年龄大两岁时路易斯的年龄的 4 倍. 如果路易丝现在是 13 岁至 19 岁之间的青少年, 则蒂娜的年龄是( ).

A. 17 岁　　　B. 29 岁　　　C. 25 岁
D. 21 岁　　　E. 由已知信息不能确定

解　假设蒂娜和路易斯现在年龄分别是 T 岁和 L 岁. 设问题中当"蒂娜比路易斯今天年龄大两岁时"所涉及的时间是 x 年以前($x > 0$). 关于 3 年后的年龄的信息得出

$$T + 3 = 4(L - x)$$

即

$$T = 4L - 4x - 3 \qquad (1)$$

如果我们注意 x 年以前, 我们有

$$T - 2 = L + x$$

即

$$T = L + x + 2 \qquad (2)$$

方程(1)和(2)给出 $4L - 4x - 3 = L + x + 2$, 即

$$3L = 5x + 5$$

或

$$L = \frac{5(x + 1)}{3} \qquad (3)$$

由于 L 是整数,方程(3) 的分子必须被 3 整除,所以 x 必须是 $x = 2,5,8,\cdots$ 中之一. 用方程(2) 和(3),得:

如果 $x = 2$,则 $L = 5$ 且 $T = 9$;

如果 $x = 5$,则 $L = 10$ 且 $T = 17$;

如果 $x = 8$,则 $L = 15$ 且 $T = 25$;

如果 $x = 11$,则 $L = 20$ 且 $T = 33$,等等.

由于已知路易斯是 13 岁至 19 岁之间的青少年,蒂娜必是 25 岁. (C)

第6章 1983年试题

1. $5x - 2(4 - x)$ 等于( ).

A. $7x - 8$ B. $3x - 8$ C. $7x - 6$

D. $3x - 6$ E. $4x - 8$

解 $5x - 2(4 - x) = 5x - 8 + 2x = 7x - 8.$

(A)

2. $\dfrac{x - \dfrac{1}{y}}{y - \dfrac{1}{x}}$ 等于( ).

A. $\dfrac{x}{y}$ B. $\dfrac{y}{x}$ C. 1

D. -1 E. $\dfrac{-x}{y}$

解 $\dfrac{x - \dfrac{1}{y}}{y - \dfrac{1}{x}} = \dfrac{\dfrac{xy - 1}{y}}{\dfrac{xy - 1}{x}} = \dfrac{x}{y}.$

(A)

3. 如果 $\dfrac{1}{F} = \dfrac{1}{H} - \dfrac{1}{G}$,则 G 等于( ).

A. $\dfrac{F - H}{FH}$ B. $\dfrac{FH}{F - H}$ C. $F - H$

D. $\dfrac{1}{F} - \dfrac{1}{H}$ E. $\dfrac{F - FH}{H}$

解 由于 $\dfrac{1}{F} = \dfrac{1}{H} - \dfrac{1}{G}$，我们有

$$\dfrac{1}{G} = \dfrac{1}{H} - \dfrac{1}{F} = \dfrac{F-H}{FH}$$

所以 $G = \dfrac{FH}{F-H}$ 。   （ B ）

4. 如图 1 所示，矩形 $PQRS$ 的长和宽分别为 12 cm 和 8 cm．点 T,U,V 和 W 各边上，$TQ = VS = 3$ cm，$PW = RU = 2$ cm．阴影部分的面积为（　　）．

A. 36 cm^2　　B. 48 cm^2　　C. 42 cm^2

D. 24 cm^2　　E. 60 cm^2

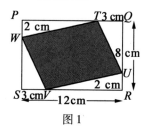

图 1

解 △PTW 的面积 = △RVU 的面积 = $\dfrac{1}{2} \times 2 \times 9 = 9$（cm^2）．

△QTU 的面积 = △SVW 的面积 = $\dfrac{1}{2} \times 3 \times 6 = 9$（cm^2）．

所以，$TUVW$ 的面积 = $12 \times 8 - 4 \times 9 = 96 - 36 = 60$（cm）^{2}．   （ E ）

5. 一条直线的斜率是 $-\dfrac{3}{2}$ 且它在点 $(4,0)$ 截 x 轴，该直线的方程是（　　）．

A. $2y - 3x = 6$　B. $2y = -3x + 12$　C. $2y = 3x + 8$

D. $2y = 3x - 12$　E. $2y = -3x + 8$

解　由于斜率是 $-\dfrac{3}{2}$,该方程是 $y = -\dfrac{3}{2}x + c$,这里 c 这样选取使得保证 $x = 4 \Rightarrow y = 0$. 代入 $(x, y) = (4, 0), 0 = \left(-\dfrac{3}{2}\right)(4) + c$,即 $c = 6$. 因此,该方程有

$y = -\dfrac{3}{2}x + 6$,或 $2y = -3x + 12$.　　　　(B)

6. 如果 $(x - 3)(2x + 1) = 0$,则 $2x + 1$ 的可能的值是( ).

A. 只有 0　　B. 0 和 3　　C. $-\dfrac{1}{2}$ 和 3

D. 0 和 7　　E. $-\dfrac{1}{2}$ 和 $-\dfrac{7}{2}$

解　由于 $(x - 3)(2x + 1) = 0, x$ 的可能值是 3 和 $-\dfrac{1}{2}$. 因此,$2x + 1$ 的可能值是 7 和 0.　　　　(D)

7. $1.236 \times 10^{15} - 5.23 \times 10^{14}$ 等于( ).

A. 7.13×10^{14}　　B. 7.13　　C. 71.3

D. -3.994　　E. 7.13×10^{13}

解　$1.236 \times 10^{15} - 5.23 \times 10^{14}$
　　$= 12.36 \times 10^{14} - 5.23 \times 10^{14}$
　　$= (12.36 - 5.23) \times 10^{14} = 7.13 \times 10^{14}$
　　　　　　　　　　　　　　　　　　(A)

8. 如图 2 所示,在一个圆中画弦. x 的值是( ).

A. 44　　　　B. 48　　　　C. 52
D. 84　　　　E. 40

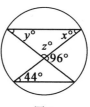

图 2

解　设 $y°$ 和 $z°$ 是图中所示的角. 因 $y°$ 所对的弦与 $44°$ 所对的弦相同, $y = 44$, 显然 $z = 180 - 96 = 84$. 因此, $x = 180 - 44 - 84 = 52$.

(C)

9. 如果 $\dfrac{1}{x} = \dfrac{1}{y} + \dfrac{1}{z}$, 则 z 等于 (　　).

A. $\dfrac{xy}{x-y}$　　　B. $\dfrac{x-y}{xy}$　　　C. $x-y$

D. $\dfrac{xy}{y-x}$　　　E. $\dfrac{y-x}{xy}$

解　如果 $\dfrac{1}{x} = \dfrac{1}{y} + \dfrac{1}{z}$, 则 $\dfrac{1}{z} = \dfrac{1}{x} - \dfrac{1}{y} = \dfrac{y-x}{xy}$,

即 $z = \dfrac{xy}{y-x}$.

(D)

10. 如果 $a+b=1$ 且 $a^2+b^2=2$, 则 a^4+b^4 等于 (　　).

A. 4　　　　B. 8　　　　C. 1
D. 3　　　　E. $3\dfrac{1}{2}$

解　如果 $a^2+b^2 = (a+b)^2 - 2ab = 1^2 - 2ab =$

2,则 $ab = -\dfrac{1}{2}$. 所以 $a^4 + b^4 = (a^2+b^2)^2 - 2a^2b^2 =$
$2^2 - 2\left(-\dfrac{1}{2}\right)^2 = 4 - \dfrac{1}{2} = 3\dfrac{1}{2}$. (E)

11. 如图3,从水平距离50 m处,观望一个垂直悬崖面的顶和底的仰角分别为45°和30°. 则此悬崖面的高度是( ).

A. $\dfrac{50}{\sqrt{3}}$ m B. $\dfrac{50}{\sqrt{2}}$ m C. $\dfrac{50}{2\sqrt{3}}$ m

D. $50\left(1 - \dfrac{1}{\sqrt{2}}\right)$ m E. $50\left(1 - \dfrac{1}{\sqrt{3}}\right)$ m

解 $y = 50\tan 45°\text{m} = 50(\text{m})$

$x = 50\tan 30°\text{m} = \dfrac{50}{\sqrt{3}}(\text{m})$

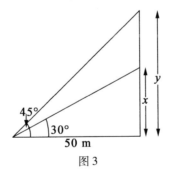

图3

因此,该悬崖的高度是 $(y - x)$ m,即
$50\left(1 - \dfrac{1}{\sqrt{3}}\right)$ m. (E)

12. 如果把数 $x = 2^{100}, y = 3^{75}$ 和 $z = 5^{50}$ 从最小到最大排序,按照这个次序它们被写成( ).

A. $x < y < z$ B. $x < z < y$ C. $y < x < z$
D. $y < z < x$ E. $z < y < x$

解 注意到 $x = 2^{100} = (2^4)^{25} = (16)^{25}$，类似地 $y = (27)^{25}$ 且 $z = (25)^{25}$. 因为 $16 < 25 < 27$，它推导出 $16^{25} < 25^{25} < 27^{25}$，即 $x < z < y$.   (B)

13. 如图4，一个拱门建造在一个直的基底 PQ 上，具有两条圆弧 PR 和 QR. 弧 PR 以 Q 为圆心而弧 RQ 以 P 为圆心. 如果 PQ 的长度是 2 m，则拱门下的面积是（　）.

A. $\dfrac{4\pi}{3}\text{ m}^2$ B. $\left(\dfrac{4\pi}{3} - \sqrt{3}\right)\text{m}^2$ C. $\left(\dfrac{4\pi}{3} + \sqrt{3}\right)\text{m}^2$

D. $\dfrac{\sqrt{3}}{4}\pi\text{ m}^2$ E. $\left(\dfrac{4\pi}{3} - 2\sqrt{3}\right)\text{m}^2$

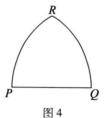

图 4

解 如图5，$\triangle PQR$ 是等边三角形，且 $\angle PQR = \angle QPR = 60°$. 拱门下的面积 = 扇形 PQR（以 P 为中心）面积 + 扇形 QPR（以 Q 为中心）面积 − $\triangle PQR$ 的面积（否则计算两次）

$$\dfrac{1}{6}\underbrace{(\pi \times 2^2)}_{\text{半径为2的圆的全面积}} + \dfrac{1}{6}(\pi \times 2^2) - \underbrace{\dfrac{1}{2} \times 2 \times \sqrt{3}}_{\triangle PQR\text{面积},\sqrt{3}\text{是垂线}RS\text{的长度}} = \dfrac{4}{3}\pi - \sqrt{3}$$

(B)

第6章 1983年试题

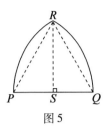

图5

14. $a^x = y$ 的等价写法是 $x = \log_a y$. 如果 $p = \dfrac{1}{4}$, 则 $-p\log_2 p$ 的值是（　　）.

A. $\dfrac{1}{8}$　　　B. $-\dfrac{1}{2}$　　　C. $\dfrac{1}{4}$

D. $-\dfrac{1}{4}$　　E. $\dfrac{1}{2}$

注 $f(x) = \log_2 x$ 和 $g(x) = 2^x$ 互为反函数,所以 $\log_2(2^x) = x$. 因此,关键是安排 $\log_2$ 的自变量以 2^x 的形式对某个 x.

解法1 $p = \dfrac{1}{4} = 2^{-2}$,从而由定义 $\log_2 p = -2$. 所以

$$-p\log_2 p = -\dfrac{1}{4}(-2) = \dfrac{1}{2} \quad (\text{ E })$$

解法2 $-\dfrac{1}{4}\log_2\left(\dfrac{1}{4}\right) = -\dfrac{1}{4}\log_2(2^{-2})$

$$= -\dfrac{1}{4}(-2) = \dfrac{1}{2}$$

15. 如图6所示,有一个 Rt△PQR,直角在点 Q 上,以三边为直径作三个半圆. 矩形 STUV 的各边与半圆相切且平行于 PQ 或 QR,PQ = 6 cm,QR = 8 cm,则四

边形 STUV 的面积是(   ).

    A. 121 cm²   B. 132 cm²   C. 144 cm²

    D. 156 cm²   E. 192 cm²

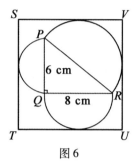

图 6

解 如图 7 所示,通过 P,R 作水平和垂直的直线,且 M 是 PR 的中点. 两阴影的直角三角形相似于 $\triangle PQR$,且因 $PR=10$ cm,阴影三角形有边长为 3 cm,4 cm,5 cm,由 M 引出的两条半径均有长度 5 cm. 所以 $3+y=4+x=5$,即 $y=2$ 和 $x=1$. 所以 ST 的长度等于 $y+6+4=12$,且 TU 的长度是 $3+8+x=12$. $STUV$ 的面积是 $12\times 12 = 144(\text{cm}^2)$.

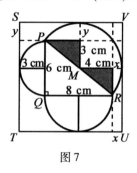

图 7

(C)

第6章 1983年试题

16. 如果

$$-a+b+c+d = x \quad (1)$$
$$a-b+c+d = y \quad (2)$$
$$a+b-c+d = z \quad (3)$$
$$a+b+c-d = w \quad (4)$$

且 $b \neq 0$,则 $x-y+z+w = kb$,对 k 的一个特殊值. k 的这个值是( ).

A. 1　　　　B. 2　　　　C. 3
D. 4　　　　E. 5

解　(1)+(3)+(4)-(2) 得

$$x-y+z+w = 4b \quad (\text{ D })$$

17. 一位父亲在遗嘱中将他的所有钱按以下方式分给他的孩子,把 1 000 元给老大,再把余额的 $\dfrac{1}{10}$ 也给老大,然后把 2 000 元给老二,再把余额的 $\dfrac{1}{10}$ 也给老二,然后把 3 000 元给老三,再把余额的 $\dfrac{1}{10}$ 也给老三,如此继续下去,分完后每个孩子得到同样数目的钱. 他有多少个孩子?( ).

A. 6 个　　　B. 7 个　　　C. 8 个
D. 9 个　　　E. 10 个

解　设要分派的钱的总数为 P 元. 只要使老大和老二所得的钱数相等

$$1\,000 + \dfrac{1}{10}(P-1\,000)$$

$$= 2\,000 + \frac{1}{10}\Big[P - 2\,000 - \underbrace{\Big(1\,000 + \frac{1}{10}(P - 1\,000)\Big)}_{\text{老大所得钱数}}\Big]$$

有解 $P = 81\,000$. 老大得

$$1\,000 + \frac{1}{10}(80\,000) = 1\,000 + 8\,000 = 9\,000$$

老二得到

$$2\,000 + \frac{1}{10}(70\,000) = 2\,000 + 7\,000 = 9\,000$$

如此等等. 由于所有孩子得到相等数目的钱,有 $\frac{81\,000}{9\,000} = 9$ 个孩子.   (D)

注 有一个平凡解,1 个子女,但可以认为这并不符合问题的逻辑.

18. 对 $0° \leqslant \theta \leqslant 360°$

$$(2\sin\theta - 1)\Big(\sin 2\theta + \frac{\sqrt{3}}{2}\Big) = 0$$

的不同解的个数是( ).

A. 2 个   B. 3 个   C. 4 个

D. 5 个   E. 6 个

解 对 $2\sin\theta - 1 = 0$,即 $\sin\theta = \frac{1}{2}$,有根 $30°$ 和 $150°$. 对 $\sin 2\theta + \frac{\sqrt{3}}{2} = 0$,即 $\sin 2\theta = -\frac{\sqrt{3}}{2}$,$2\theta$ 可以是 $240°,300°,600°,660°$(注意 $0° \leqslant \theta \leqslant 360°$,即 $0° \leqslant 2\theta \leqslant 720°$)从而 θ 可以是 $120°,150°,300°$ 或 $330°$. 根 $150°$ 是重复的,因此,有 5 个不同的解.   (D)

19. 如图 6,在笛卡儿平面上点 (x,y) 满足

第6章 1983年试题

$$|x|+|y|+|x+y| \leqslant 2$$

的区域的面积是什么?( ).

A. 2.5   B. 3   C. 2
D. 4   E. 3.5

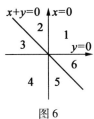

图6

解 有8种情况要考虑,依赖于 x, y 和 $x+y$ 是大于或等于0或小于0. 这立刻减少到6种情况,因为

$$x \geqslant 0, y \geqslant 0 \Rightarrow x+y \geqslant 0$$

且 $x<0, y<0 \Rightarrow x+y<0$.

这些是6个标出的区域(图8－13):

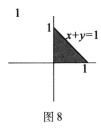

图8

$x \geqslant 0, y \geqslant 0$, 这里 $x+y+x+y \leqslant 2$, 即 $x+y \leqslant 1$.

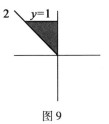

图9

$x<0, y \geqslant 0, x+y \geqslant 0$, 这里 $-x+y+x+y \leqslant 2$, 即 $y \leqslant 1$.

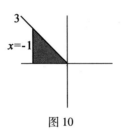   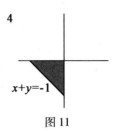

图 10   图 11

$x<0, y\geqslant 0, x+y<0$,这里 $-x+y-x-y\leqslant 2$,即 $x\geqslant 1$.

$x<0, y<0$,这里 $-x-y-x-y\leqslant 2$,即 $x+y\geqslant -1$.

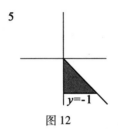   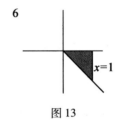

图 12   图 13

$x\geqslant 0, y<0, x+y<0$,这里 $x-y-x-y\leqslant 2$,即 $y\geqslant -1$.

$x\geqslant 0, y<0, x+y\geqslant 0$,这里 $x-y+x+y\leqslant 2$,即 $x\leqslant 1$.

这些区域中的每一个都是面积为 $\dfrac{1}{2}$ 的三角形.所以总面积等于 $6\times\dfrac{1}{2}=3$.　　　　(B)

注　总区域形如图 14：

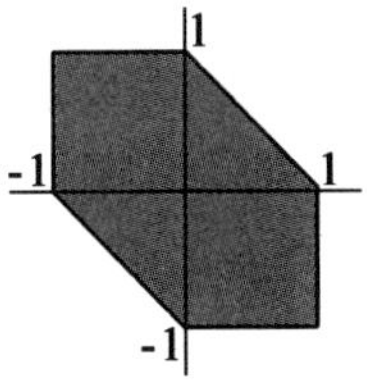

图 14

20. 堪培拉的纬度是 35°19′S. 当从堪培拉观看时, 在天空中的最高点南十字星座中的最低的星高于南视地平线 62°20′. 可以假设从这颗星到地球上任何点的光线是平行的. 能看到整个南十字星座的地方的最北纬度是(   ).

A. 0°　　　B. 27°01′S　　　C. 27°01′N

D. 7°39′N　　　E. 7°39′S

解　如图 15, 最北点是由该星来的光射线与地球表面的切点, 即点 A. 目的是决定图中 x 的值. 考虑图中的四边形 $OABC$. 由于在 A 和 C 处的角是 90°, 其余两角相加为 180°. 所以 $x° + 35°19′ + \angle ABC = 180°$. 因为到达点 A 和点 C 的光线是平行的, 显然 $\angle ABC = 180° - 60°20′$. 所以 $x° + 35°19′ + 180° - 62°20′ = 180°$, 给出 $x° = 62°20′ - 35°19′ = 27°01′$.

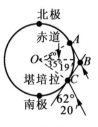

图 15　　　　(C)

注 我们已经确信熟悉法国文学的学生能减少选择而限于 C 和 D,即具有北纬的两个答案.安东尼·德·圣·埃克苏佩里著的法国著名小说《夜航》讲了欧洲和美洲间(巴黎——达喀尔(塞内加尔)——纳塔尔(巴西))第一次洲际航行的冒险故事.作者是个领航员,他为这次航行领航.在该书中经常提到的飞越撒哈拉沙漠时利用南十字星,而撒哈拉在北半球.

21. 我们对大的数能设计一种简写记号,对 n 个连贯出现的 d 记作 d_n,其中 n 是正整数,d 是一个固定的数字($0 \leqslant d \leqslant 9$).例如,$1_4 9_5 8_2 3_6$ 表示数
$$11\ 119\ 999\ 988\ 333\ 333$$
如果
$$2_x 3_y 5_z + 3_z 5_x 2_y = 5_3 7_2 8_3 5_1 7_3$$
求有序三元组 (x,y,z). (　　).

A. $(4,5,3)$ 　　 B. $(3,6,3)$ 　　 C. $(3,5,4)$

D. $(5,3,4)$ 　　 E. $(5,4,3)$

解 我们一开始注意到在两个被加数中有同样的位数.由于开头的 2 和 3 产生三个 5,且由于和的下面的数字是 7,它不能仅由 2 和 3 产生(即 $3+3 \neq 7$),由此,推出 $z = 3$.类心地,由于只产生两个 7,它必须由第一个被加数的开头的 2 和第二个被加数的中间的 5 产生,所以 $x = 5$.注意,所有三个数中数字的总的个数(即位数)相同,进一步可得出结论
$$x + y + x = 3 + 2 + 3 + 1 + 3 = 12$$
因此
$$y = 12 - x - z = 12 - 5 - 3 = 4$$

第6章 1983年试题

从而$(x,y,z) = (5,4,3)$. (　E　)

注 如果加在第二个被加数上的限制减弱,使得这个问题写成

$$2_x3_y5_z + 3_p5_q2_r = 5_37_28_35_17_3$$

则对(x,y,z)有同样的解.

22. $[x]$表示小于或等于x的最大整数.例如$[3] = 3, [5.7] = 5$. 如果

$$[\sqrt[3]{1}] + [\sqrt[3]{2}] + [\sqrt[3]{3}] + \cdots + [\sqrt[3]{n}] = 2n$$

则n的值是(　　).

A. 29　　　　B. 33　　　　C. 41

D. 49　　　　E. 53

解 注意

如果$1 \leq n \leq 7$,则$[\sqrt[3]{n}] = 1$;

如果$8 \leq n \leq 26$,则$[\sqrt[3]{n}] = 2$;

且如果$27 \leq n \leq 63$,则$[\sqrt[3]{n}] = 3$.

由于备选项的每一个都小于64,不需要再继续下去,令

$$f(n) = [\sqrt[3]{1}] + [\sqrt[3]{2}] + [\sqrt[3]{3}] + \cdots + [\sqrt[3]{n}]$$

由此推出

$$f(n) = \begin{cases} n, 1 \leq n \leq 7 \\ f(7) + 2(n-7) \text{ 或 } 2n-7, 8 \leq n \leq 26 \\ f(26) + 3(n-26) \text{ 或 } 3n-33, 27 \leq n \leq 63 \end{cases}$$

因此,$f(n) = 2n$推导出$3n - 33 = 2n$或$n = 33$.

注 方程$f(n) = kn$也对整数值$k > 2$有唯一解,事实上可证明当且仅当

$$n = \frac{((k+1)(k+2))^2}{4} - (k+1)$$

时方程被满足,且对所有 k 的值它是一个整数. (B)

23. 如图 16 所示,给定立方体 PQRSTUVW,通过点 P 及面 TUVW 和 UQRV 的中心的平面与 UV 相交于 X,则比值 $\dfrac{UX}{XV}$ 是( ).

A. 2   B. $\dfrac{3}{2}$ C. 3

D. $\dfrac{5}{4}$ E. $\dfrac{5}{2}$

图 16

解法 1 如图 17,设面 TUVW 和 UQRV 的中心分别是 Y 和 Z,设 PX 交 YZ 于 A.

考虑包含在四边形 PYXZ 中的全等三角形可推断出 A 是 YZ 的中点. 现在设 Y′ 和 A′ 是这样的点,使得 Q, Y′, X, Z 和 A′ 是 P, Y, X, Z 和 A 在面 QRVU 上的投影. 由于 $QU = 2ZY'$ 且 $ZY' = 2A'Y'$(记得 A 是 YZ 的中点), $\dfrac{QU}{A'Y'} = 4$. △QUX ∽ △A′Y′X,所以 $\dfrac{UX}{Y'X} = \dfrac{QU}{A'Y'} = 4$. 所以, $UX = 4Y'X$. $UY' = UX - Y'Z = 3Y'X$,且 $XV = VY' - Y'X = UY' - Y'X = 2Y'X$.

所以

$$\frac{UX}{XV} = \frac{4Y'X}{2Y'X} = 2$$

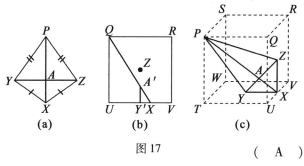

图 17   （ A ）

解法 2 如图 18,不失一般性,我们可令

$$P = (0,0,0), Q = (2,0,0)$$
$$R = (2,0,2), S = (0,0,2)$$
$$T = (0,2,0), U = (2,2,0)$$
$$V = (2,2,2), W = (0,2,2,)$$

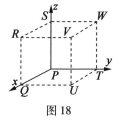

图 18

则面 $TUVW$ 的中点 Y 是 $(1,2,1)$. $UQRV$ 的中点 Z 是 $(2,1,1)$. 所以平面 PYZ 有方程 $x+y-3z=0$. 它与 UV 相交于 $x=2, y=2, z=\dfrac{4}{3}$. 因此, $UX=\dfrac{4}{3}$, $XV=2-\dfrac{4}{3}=\dfrac{2}{3}$, 且 $\dfrac{UX}{XV}=2$.

24. 正整数 x 和 y 的方程 $19x + 83y = 1\,983$ 的一对解显然是 $(x,y) = (100,1)$. 可以证明恰有另外一对正整数 (x,y) 满足这个方程. 对这一对解, $x + y$ 的值是( ).

A. 27　　　　B. 37　　　　C. 47
D. 57　　　　E. 67

解法1 可以清楚地看到

$19 \times 100 + 83 \times 1$
$= 19 \times (83 + 17) + 83 \times (20 - 19)$
$= 19 \times 83 + 19 \times 17 + 83 \times 20 - 83 \times 19$
$= 19 \times 17 + 83 \times 20$

消去后可得第二对 $(x,y) = (17,20)$, 因而 $x + y = 17 + 20 = 37$.　　　　　　　　　　(B)

注 上面的关键是引入 19×83 两次, 一次有正号, 将 100 写成 $83 + 17$, 另一次带一个负号, 将 1 写成 $20 - 19$.

解法2 解这个问题从头做起(即不利用给出的显然的解 $(100,1)$), 进行如下(由欧几里得法)

$$19x + 83y = 1\,983$$

$$x = 104 - 4y + \frac{7 - 7y}{19} = 104 - 4y + z$$

其中 z 是一整数且 $7y + 19z = 7$, 它是一个类似于原方程但系数小的丢番图方程(即在整数范围内求解的方程). 现在

$$y = 1 - 3z + \frac{2z}{7} = 1 - 3z + v$$

其中 $2z - 7v = 0$, 即

$$z = 3v + \frac{v}{2} = 3v + w$$

这里
$$v = 2w$$

代入,得
$$z = 3v + w = 6w + w = 7w$$

因此
$$y = 1 - 3z + v = 1 - 21w + 2w = 1 - 19w$$
$$x = 104 - 4y + z = 104 - 4(1 - 19w) + 7w$$
$$= 100 + 83w$$
$$(x, y) = (100 + 83w, 1 - 19w)$$

这里 w 是任意整数,给出了原方程的所有整数解.

由于 x 和 y 是正值这个限制,显然限于 $w = 0$ 和 -1,得到前面已求得的两组解.

25. S, T 和 U 是 $\triangle PQR$ 边上不同于顶点的点,分别以这样的方式分割边 QR, RP 和 PQ,使得四个比 $\dfrac{QS}{QR}$, $\dfrac{RT}{RP}$, $\dfrac{PU}{PQ}$ 和 $\dfrac{\triangle STU \text{ 面积}}{\triangle PQR \text{ 面积}}$ 都相等. 这个公式比是(　　).

A. $\dfrac{1}{3}$　　　　B. $\dfrac{1}{2}$　　　　C. $\dfrac{1}{4}$

D. $\dfrac{2}{3}$　　　　E. $\dfrac{3}{4}$

解 如图19,设
$$\frac{QS}{QR} = \frac{RT}{RP} = \frac{PU}{PQ}$$
$$= \frac{\triangle STU \text{ 的面积}}{\triangle PQR \text{ 的面积}} = k$$

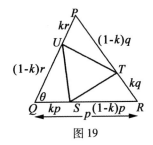

图 19

我们注意到

$$\triangle QSU \text{ 的面积} = \frac{1}{2}k(1-k)pr\sin\theta$$
$$= k(1-k)\triangle PQR \text{ 的面积}$$

且类似地

$$\triangle PUT \text{ 的面积} = \triangle TRS \text{ 的面积}$$
$$= k(1-k)\triangle PQR \text{ 的面积}.$$

所以

$\triangle QSU$ 的面积 + $\triangle PUT$ 的面积 + $\triangle TRS$ 的面积
$= 3k(k-1)\triangle PQR$ 的面积

所以

$$\triangle STU \text{ 的面积} = \triangle PQR \text{ 的面积} -$$
$$3k(k-1)\triangle PQR \text{ 的面积}$$

因此

$$k = \frac{\triangle STU \text{ 的面积}}{\triangle PQR \text{ 的面积}} = 1 - 3k + 3k^2$$

即 $3k^2 - 4k + 1 = 0$，即 $(3k-1)(k-1) = 0$. 唯一可接受的答案是 $k = \frac{1}{3}$（给出 S, T, U 不是 $\triangle PQR$ 的顶点）.

（ A ）

第6章 1983年试题

26. 我有4双短袜,一起挂在一条水平的直绳上,每双短袜有同样的颜色,但各双短袜有不同颜色. 如果每只短裤不允许紧邻同一双短袜中的另一只,则可构成多少种不同的颜色花样?(   ).

A. 792 种   B. 630 种   C. 2 520 种
D. 864 种   E. 720 种

解法 1 称这些袜子为 aa, bb, cc, dd.

有 $4 \times 3 \times 2 = 24$ 种方式选取最前面三只如 abc(即前面三条不同). 这些可排列如表1:

表 1

abc			
	a	bd	
		$cdbd$	
		$dbdc$	
		cd	
		cdb	
		bd	6
	b	与 a 对称	6
	da	bcd	
		dc	
		cbd	
		db	
		dbc	
		cb	6
	db	与 da 对称	6
	dc	与 da 对称	6	30

所以有 $24 \times 30 = 720$ 种以 abc 开始的花样. 有 $4 \times$

113

$3 = 12$ 种方式选取前面三只短袜如 aba. 这些可排列如表 2：

表 2

aba	b	cdcd		
		dcdc	2	
	c	bdcd		
		dbcd		
		bdc		
		cbd		
		cdb	5	
	d	与 c 对称	5	12

所以，有 $12 \times 12 = 144$ 种以 aba 开始的花样.

最后，$720 + 144 = 864.$ (D)

解法 2 （用容斥原理）

这种解法具有推导到 n 双短袜问题的优点，当 $n \neq 4$ 时也可解. 考虑两双短袜的问题，如图 20 中所说明的.

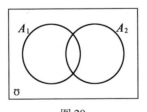

图 20

比如集合 A_1 是第一双短袜放在一起的排列集合，我们希望计算

$$N(\overline{A_1 \cup A_2}) = N(\mho) - \sum_{i=1}^{2} N(A_i) + N(A_1 \cap A_2)$$

在这问题中

$$N(\mho) = \frac{4!}{2^2}$$

(我们用 2^2 除,因为每双短袜中的两只可交换而不改变该排列.)

现在

$$N(A_1) = N(A_2) = \frac{3!}{2^1}$$

且

$$N(A_1 \cap A_2) = \frac{2!}{2^0}$$

所以解是

$$\frac{4!}{4} - \frac{3!}{2} + 2 = 6 - 6 + 2 = 2$$

容斥原理推广到 n 双的情形,给出

$$N(\bigcup_{i=1}^{n} A_i) = N(\mho) - \sum_{i=1}^{n} N(A_i) + \sum_{i \neq j} N(A_i \cap A_j) -$$
$$\sum_{i \neq j \neq k} N(A_i \cap A_j \cap A_k) + \cdots +$$
$$(-1)^n N(\bigcap_{i=1}^{n} A_i)$$

在 3 双短袜的情形,给出

$$\frac{6!}{2^3} - 3\frac{5!}{2^2} + 3\frac{4!}{2^1} - 3! = 90 - 90 + 36 - 6 = 30$$

在 4 双短袜的情形,给出

$$\frac{8!}{2^4} - 4\frac{7!}{2^3} + 6\frac{6!}{2^2} - 4\frac{5!}{2} + 4!$$
$$= 2\,520 - 2\,520 + 1\,080 - 240 + 24$$
$$= 864$$

在 n 双短袜的情形,这给出

$$\binom{n}{0}\frac{(2n)!}{2^n} - \binom{n}{1}\frac{(2n-1)!}{2^{n-1}} +$$
$$\binom{n}{2}\frac{(2n-2)!}{2^{n-2}} + \cdots + (-1)^n \binom{n}{n}\frac{n!}{2^n}$$

注意在这种特殊问题中最前面的两项总是互相消去.

27. 由若干个单位立方体组成一个较大立方体,然后把这个大立方体的某些面涂上油漆. 油漆干后,把大立方体拆开成单位立方体,然后发现45个单位立方体的任何一面都没有漆. 大立方体有多少面被涂过油漆?( ).

A. 1   B. 2   C. 3
D. 4   E. 5

解 注意该较大立方体必是 $4 \times 4 \times 4$ 或 $5 \times 5 \times 5$ 的,因为对 $3 \times 3 \times 3$ 的立方体只包含27个单位立方体,这太小了. 而对 $6 \times 6 \times 6$ 的立方体,内部的 $4 \times 4 \times 4$ 个立方体的64个单位立方体中,没有一个被涂过油漆,且 $64 > 45$. 进一步注意到,一旦大立方体的任何一些面被漆好,移去这些漆过的单位立方体后,剩下的(未漆的)单位立方体构成 $k \times m \times n$ 长方块,所以解法的关键在于将45分解因数成为三个正整数之积,每个小于或等于5,因为大立方体是 $4 \times 4 \times 4$ 或 $5 \times 5 \times 5$. 这只有一种方法可以做到,结果得到 $3 \times 3 \times 5$ 块,这只能嵌入到一个 $5 \times 5 \times 5$ 的立方体中,且在这种情况下只有一种办法,围绕四个 3×5 的侧面加一层漆过的立方体. (D)

第 7 章　1984 年试题

1. $(0.2)^2$ 等于(　　).

A. 0.04　　B. 0.4　　　　C. 2.0

D. 0.02　　E. 0.004

解　$(0.2)^2 = 0.04$.　　　　　　(　A　)

2. △PVY 是边长为 3 cm 的等边三角形. Q,R,S, U,W,X 将原三角形的边分成单位长度,这样 PQ,QS 和 SV 每段长度为 1 cm. T 是直线 QX,SU,RW 的公共交点. QX // PY, RW // PV 且 SU // VY. 10 个点 P,…,Y 中,成为等边三角形顶点的三个点组成的集合有多少个? (　　).

A. 10 个　　B. 13 个　　　　C. 12 个

D. 9 个　　E. 15 个

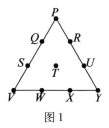

图 1

解　不同边长的等边三角形:

边长为 3 cm 的:△PVY;

边长为 2 cm 的:△PSU,△QVX,△RWY;

边长为 $\sqrt{3}$ cm 的:△QUW,△SRX;

边长为 1 cm 的:△PQR,△QST,△QRT,△RTU, △SVW,△SWT,△TWX,△TUX,△UXY.

因此,总数是 1 + 3 + 2 + 9 = 15 个.　　(E)

3. 如果 $\dfrac{1}{F}=\dfrac{1}{H}-\dfrac{1}{G}$,则 G 等于(　　).

A. $\dfrac{F-H}{FH}$　　　B. $\dfrac{FH}{F-H}$　　　C. $F-H$

D. $\dfrac{1}{F}-\dfrac{1}{H}$　　E. $\dfrac{F-FH}{H}$

解　　　$\dfrac{1}{F}=\dfrac{1}{H}-\dfrac{1}{G}$

即　　　　$\dfrac{1}{G}=\dfrac{1}{H}-\dfrac{1}{F}$

$$G=\dfrac{FH}{F-H}$$

(B)

4. 把一个四边形的四条边延长做出外角,其大小如图 2 所示. x 的值是(　　).

A. 100　　　B. 90　　　C. 80

D. 75　　　E. 70

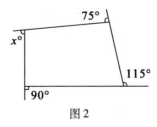

图2

解法 1　四边形的内角是 $(180-x)°,105°,90°$ 和

118

65°,我们得 $180 - x + 105 + 90 + 65 = 360$,即 $x = 440 - 360 = 80$. (C)

解法 2 一条直线旋转经过任何(凸)多边形的所有外角,刚好转了一整圈,即 360°. 因此将给出图形的外角相加,给出 $x + 90 + 115 + 75 = 360$,即 $x = 80$.

5. 作为汽车的燃料消耗指标,通常采用行驶 100 km 所需燃料的升数. 我的汽车行驶 12.5 km 用了 1 L 汽油,我的汽车行驶 100 km 需要用多少升汽油?( ).

  A. 8 L   B. 7 L   C. 5 L
  D. 12.5 L   E. 10 L

解 $12.5 \text{ km/L} = \frac{1}{12.5} \text{L/km} = \frac{100}{12.5} \text{L}/100 \text{ km}$

    = 8 L/100 km   (A)

6. 对所有 m 的值,$\frac{9^m - 3^m}{3^m}$ 等于( ).

  A. $9^m - 1$ B. 8   C. 2
  D. $\frac{3^m - 1}{3}$ E. $3^m - 1$

解 $\frac{9^m - 3^m}{3^m} = \frac{3^m(3^m - 1)}{3^m} = 3^m - 1$. (E)

7. PQ 和 QR 是一个立方体的两个面上的对角线同,如图 3 所示,$\angle PQR$ 是( ).

  A. 120°   B. 45°   C. 60°
  D. 75°   E. 90°

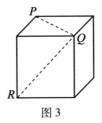

图3

解 注意 △PQR 是等边三角形,因此 ∠PQR = 60°. (C)

8. PQRS 是一个半径为 r 的圆的直径. PQ,QR,RS 的长度相等. 在 PQ 和 QS 上画半圆构造一个如图4所示的阴影图形,此阴影图形的周长是(   ).

A. $2\pi r$ B. $\dfrac{4\pi r}{3}$ C. $\dfrac{5\pi r}{3}$

D. $\dfrac{3\pi r}{2}$ E. $\dfrac{31\pi r}{18}$

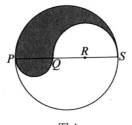

图4

解 一个圆的周长是 $2\pi r$. 所以阴影区域的周长是 $\pi r + \pi\dfrac{r}{3} + \pi\dfrac{2r}{3} = \pi r\left(1 + \dfrac{1}{3} + \dfrac{2}{3}\right) = 2\pi r.$ (A)

9. 50! 是从1到50的所有整数(包括1和50)的积,即 50! = 1 × 2 × 3 × ⋯ × 49 × 50. 50! 可被2整除的最大次数是(   ).

A. 25 次　　　B. 50 次　　　C. 47 次

D. 42 次　　　E. 46 次

解　被 2 除尽的有 25 项,被 4 除尽的有 12 项,被 8 除尽的有 6 项,被 16 除尽的有 3 项,被 32 除尽的有 1 项.被 2 整除的最大次数是

$$25 + 12 + 6 + 3 + 1 = 47 \qquad (\text{ C })$$

10. 哪一个草图最佳地表示方程 $y^2 = x(x^2 - 1)$ 的图像?(　).

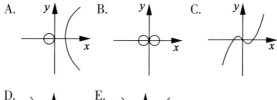

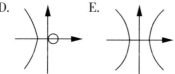

解法 1　首先作表达式 $f(x) = x(x^2 - 1)$ 的草图,然后在 $f(x)$ 为正处作 $y = \pm\sqrt{f(x)}$ 的草图,这样正确的答案便可以推断出.由于 $f(x) = x(x-1)(x+1)$ (图 5).

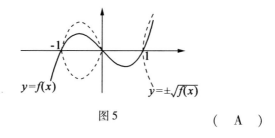

图 5　　　　　　　　　(A)

解法2 以下是一个间接证明,排除错误选择. 首先,对 $x=0$, -1 和 $+1$, $y=0$,所以这排除 E 选项. 第二,由于 y^2 此图像必关于 $y=0$ 对称. 这排除 C 选项. 最后,在 $-1 \leqslant x \leqslant 0$ 中必须有 y 的值,因为这给出 y^2 的正值. 在 $0 < x < 1$ 中不能有 y 的值,因为其中 y^2 是负的. 在剩下的三种可能性中,现在只有 A 选项可取.

11. 凯塞琳(Kathryn)的钱包里有 20 个硬币,它们是 10 分、20 分和 50 分,且这些硬币的总值是 5 元,如果她所有的 50 分硬币个数多于 10 分硬币,则她有多少个 10 分硬币?( ).

A. 4 个 B. 9 个 C. 2 个
D. 7 个 E. 5 个

解 设 50 分硬币数为 x 个 20 分硬币数为 y 个. 则
$$50x + 20y + 10(20-(x+y)) = 500$$
$$5x + 2y + 20 - x - y = 50$$
$$4x + y = 30$$

因一共有 20 个硬币,可能性为如表 1:

表 1

50 分(x)	20 分(y)	10 分
4	14	2
5	10	5
6	6	8
7	2	11

第一行给出了 50 分硬币多于 10 分硬币的唯一的可能

性.   (C)

12. 在图 6 中，∠PRQ 是直角，而 PS 和 SR 的长度均为 1 cm，QR 的长度为 2 cm，tan ∠θ 的值是(　　).

A. $\dfrac{1}{2}$ B. $\dfrac{1}{\sqrt{5}}$ C. $\tan\left(22\dfrac{1}{2}\right)°$

D. $\dfrac{1}{3}$ E. $\dfrac{1}{6}$

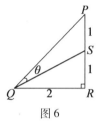

图 6

解　$\tan\angle\theta = \tan(45° - \arctan\dfrac{1}{2})$

$= \dfrac{\tan 45° - \tan\left(\arctan\dfrac{1}{2}\right)}{1 + \tan 45°\tan\left(\arctan\dfrac{1}{2}\right)}$

$= \dfrac{1 - \dfrac{1}{2}}{1 + \dfrac{1}{2}}$

$= \dfrac{1}{3}$ (D)

13. 基尔斯登(Kirsten)跑步的速度是步行速度的两倍. 有一天当她去学校时，步行时间是跑步时间的两倍，共花了 20 min. 第二天，她跑步的时间是步行时间的两倍. 第二天她去学校用了多少分钟?(　　).

A. 16 min B. 15 min C. $13\frac{1}{3}$ min

D. 18 min

E. 由给定信息不能确定

解 设基尔斯登步行的速度是 v 单位,且她跑步的速度是 $2v$ 单位. 第一天她跑步的时间占 $\frac{1}{3}$（即 $\frac{20}{3}$ 分）,步行的时间占 $\frac{2}{3}$（即 $\frac{40}{3}$ 分）. 从家到学校的距离 d 等于

$$2v \times \frac{20}{3} + v \times \frac{40}{3} = \frac{40v}{3} + \frac{40v}{3} = \frac{80v}{3}$$

设第二天她所经历的时间为 $3t$ min,t min 用在步行而 $2t$ min 用在跑步上. 因此由上所述

$$d = 2t \times 2v + t \times v = \frac{80v}{3}$$

这样

$$5tv = \frac{80v}{3}$$

给出

$$3t = \frac{80}{3} \times \frac{3}{5} = 16 \qquad (\ A\ )$$

14. 如图 7,立方体 $PQRSTUVW$ 的表面积与四面体 $UPRW$ 的表面积之比是（   ）.

A. 3 : 1 B. 4 : 1 C. $\sqrt{2}$: 1

D. $\sqrt{3}$: 1 E. 2 : 1

第7章　1984年试题

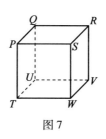

图7

解 如图8,考虑该立方体的棱长是1.该四面体的每一面是一等边三角形,其边长为 $\sqrt{2}$,因而其高为 $\dfrac{\sqrt{3}}{2}$. 所以所求比是

$$6:4\times\dfrac{1}{2}\times\dfrac{\sqrt{3}}{2}\times\sqrt{2} = 6:2\sqrt{3} = \sqrt{3}:1$$

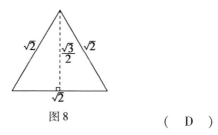

图8　　　　　　　(D)

15. 在 $(x-1)\cdot(x-2)\cdots(x-100)$ 的多项式展开中, x^{99} 的系数是(　　).

　　A. $-5\,050$　　B. $-4\,950$　　C. -99

　　D. -100　　E. $-4\,851$

解 有100个 x^{99} 的项,它们的系数为 $-1,-2,\cdots,-100$. 将它们合并在一起得出一项,所要求的答案是 $-1-2-\cdots-100$(一个100项的算术级数,首项 -1,末项 $-1\,000$),给出

$$\frac{100}{2}(-1-100) = 50(-101) = -5\,050$$

(A)

16. 给出 $\cos 12° = \sin 18° + \sin \theta°$，$\theta$ 的可能的最小值是( )．

A. 42　　　　B. 35　　　　C. 32

D. 6　　　　E. 30

解　$\cos 12° - \sin 18° = \cos 12° - \cos 72°$

$$= 2\sin 42° \sin 30°$$

$$= \sin 42° \qquad (A)$$

17. 半径各为 10 cm 的四个球放在一个水平的桌面上，使得四周球的中心构成边长为 20 cm 的正方形．第五个半径为 10 cm 的球放在四个球上，使得它和每个球相接触并保持它们原位不动，第五个球的中心高于桌面多少厘米？( )．

A. $10\sqrt{6}$ cm　　　　B. $10(1+\sqrt{2})$ cm

C. $10(1+\sqrt{3})$ cm　　　D. $10(4-\sqrt{2})$ cm

E. 24 cm

解　首先，考虑半径各为 10 cm 的三个球彼此相切如图9(a)．如果它们的中心在 P, Q, R，且 S 是 QR 的中点，用毕达哥拉斯定理得 Rt△PSR，PS 的长度是 $10\sqrt{3}$ cm.

在图(b) 中，P, Q, R, T 和 U 表示五个球的球心，而 S 仍表示 QR 的中点，如果 V 是正方形 $QRTU$ 的中心，用毕达哥拉斯定理得 △PSV，PV 的长度是 $10\sqrt{2}$ cm. 由于

点 V 还高于桌子 10 cm, P 的总高度是 $10(1+\sqrt{2})$ cm.

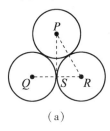
(a)

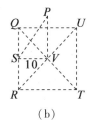
(b)

图 9

(B)

18. 在一个直角坐标系中每个轴上的单位均为 1 cm, 有 $A(0,8), B(6,0), C(x,12)$ 三点. 如果 $0<x<6$ 且 $\triangle ABC$ 的面积是 20 cm^2, 则 x 的值是( ).

A. 2   B. 3   C. 4

D. 5   E. 1

解 $\triangle ABC$ 的面积 = 四边形 $ACDO$ 的面积 + $\triangle DBC$ 的面积 - $\triangle OAB$ 的面积, 即

$$20 = \left(\frac{8+12}{2}\right)x + \frac{1}{2}(6-x)12 - 24$$

$$= 10x + 36 - 6x - 24$$

$$8 = 4x$$

或 $\qquad x = 2$

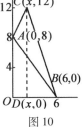

图 10

(A)

19. 阿尔贝特(Albert)、伯纳德(Bernard)、查尔斯(Charles)、丹尼尔(Daniel)和艾里(Ellie)玩一种游戏,其中每人充当青蛙或袋鼠,青蛙说的总是假话而袋鼠说的总是真话:

阿尔贝特说伯纳德是袋鼠;

查尔斯说丹尼尔是青蛙;

艾里说阿尔贝特不是青蛙;

伯纳德说查尔斯不是袋鼠;

丹尼尔说艾里和阿尔贝特是不同的动物.

有多少只青蛙?(　　).

A. 1 只　　　　B. 2 只　　　　C. 3 只

D. 4 只　　　　E. 5 只

解　设单箭头表示"……说……是袋鼠"且双箭头表示"……说……是青蛙". 然后我们有

E(艾里) $\longrightarrow$ A(阿尔贝特)

D(丹尼尔) $\longrightarrow$ C(查尔斯) $\longleftarrow$ B(伯纳德)

假设艾里是袋鼠,则他说的是真话.

因此,阿尔贝特是袋鼠,伯纳德是袋鼠,查尔斯是青蛙,且丹尼尔是袋鼠

但这是不可能的,因为艾里和阿尔贝特两者都是袋鼠与丹尼尔所说矛盾. 这证明艾里不是袋鼠而是青蛙. 艾里是青蛙,所说的是假话.

因此,阿尔贝特是青蛙,伯纳德是青蛙,查尔斯是袋鼠,且丹尼尔是青蛙.

有 4 个青蛙.   (D)

20. 在一个遥远的小岛上仍存在死刑判决,一个人在被判处死刑后,按以下方式可以得到宽大处理,他被给予 18 个白球和 6 个黑球. 他必须把它们分到三个盒子中,每个盒子中至少有一个球. 然后,蒙住眼睛,他必须随机选取一盒,然后在这个盒子中取一个球,只有当被选取的球是白球时他可以得到宽大处理. 此人获得宽大处理的概率(假如他已经以最有利方式分配这些球)是( ).

A. $\dfrac{11}{12}$ B. $\dfrac{3}{4}$ C. $\dfrac{10}{11}$

D. $\dfrac{8}{11}$ E. $\dfrac{1}{4}$

解 分配球的最好方式如图 11:

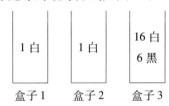

图 11

取一白球的概率是

$$\frac{1}{3}+\frac{1}{3}+\frac{1}{3}\left(\frac{16}{22}\right)=\frac{1}{3}\left(2+\frac{8}{11}\right)=\frac{10}{11}$$

                                           (C)

注 以下讨论证明上面的球的分配事实上是最好的. 取一特定球的机会必大于或等于

$$\underbrace{\frac{1}{3}}_{\text{选正确盒子的概率}} \times \underbrace{\frac{1}{22}}_{\substack{\text{如果该盒子内包含可}\\ \text{能的最大的球数,选}\\ \text{该球的概率}}}$$

由于有 6 个黑球,在任何分配下按所描述的方式取一黑球的概率必大于或等于

$$6 \times \frac{1}{3} \times \frac{1}{22} = \frac{1}{11}$$

由于事实上这是按上面分配取一黑球的概率,那个分配确实必是最好的.

21. 如图 12, PQR 是一个三角形. Q 是 PS 的中点. UR 的长度是 PU 长度的 $\frac{2}{3}$. T 是直线 QR 和 SU 的交点. $\frac{QT}{QR}$ 等于( ).

A. $\frac{2}{5}$ B. $\frac{3}{7}$ C. $\frac{3}{8}$

D. $\frac{4}{9}$ E. $\frac{5}{11}$

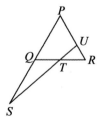

图 12

解法 1 如图 13,作直线 PT 和 SR. 因为 △PQT 和

第 7 章　1984 年试题

△QST 有一公共顶点(因而有等高)且相等的底边,它们的面积相等,设这两个三角形的面积是 A. 设 △PUT 的面积 = $3B$. 则 △URT 的面积 = $2B$,因为 △URT 与 △PUT 有同样的高,且底为 △PUT 的 $\frac{2}{3}$. 设 △STR 的面积 = C. 则由 △PQR 和 △SQR 有相等的高和底,它们的面积相等. 因此

$$A + 3B + 2b = A + C$$

即 $C = 5B$. 现在

$$3 \times △URS \text{ 的面积} = 2 \times △PUS \text{ 的面积}$$

所以

$$3(2B + 5B) = 2(3B + 2A)$$

即 $15B = 4A$ 或 $A = \frac{15}{4}B = \frac{5}{4}(3B)$.

因此

$$△QTP \text{ 的面积} = \frac{5}{4} \times △PUT \text{ 的面积}$$

$$= \frac{5}{4} \times \frac{3}{5} \times △TRP \text{ 的面积}$$

$$= \frac{3}{4} \times △TRP \text{ 的面积}$$

所以,$QT = \frac{3}{4} \times TR$,得出 $\frac{QT}{QR} = \frac{3}{7}$.

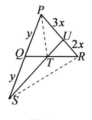

图 13   (B)

解法 2 如图 14,作直线 QX,其中 X 在 PU 上,且 $QX \parallel SU$. 则 $\triangle PQX$ 与 $\triangle PSU$ 相似. 则

$$\frac{PX}{PU} = \frac{PQ}{PS} = \frac{1}{2}$$

$$PX = XU = \frac{3}{4}RU (由于 PU = \frac{3}{2}UR).$$ 也有 $\triangle RTU \backsim \triangle RQX$. 所以

$$\frac{RT}{RQ} = \frac{RU}{RX} = \frac{RU}{RU + UX}$$

$$= \frac{RU}{RU + \frac{3}{4}RU} = \frac{1}{\frac{7}{4}} = \frac{4}{7}$$

所以 $\dfrac{QT}{RQ} = \dfrac{3}{7}$.

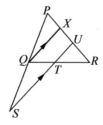

图 14

第7章 1984年试题

解法3 用梅内劳斯定理

$$\frac{PS}{QS} \times \frac{QT}{RT} \times \frac{RU}{PU} = 1$$

所以

$$2 \times \frac{QT}{RT} \times \frac{2}{3} = 1$$

所以 $\frac{QT}{RT} = \frac{3}{4}$,即 $\frac{QT}{RQ} = \frac{3}{7}$.

22. 只用奇数数字构造三位数,所有这种的三位数之和是( ).

  A. 69 375 B. 19 375 C. 625^3

  D. 34 975 E. 33 300

解 有125个这样的数,5个可能的数字中的每一个出现在每一位上25次.

答案 =	2 500	+ 250	+ 25	(1个) +
	7 500	+ 750	+ 75	(3个) +
	12 500	+ 1 250	+ 125	(5个) +
	17 500	+ 1 750	+ 175	(7个) +
	22 500	+ 2 250	+ 225	(9个) =
	62 500	+ 6 250	+ 625	= 69 375

           (A)

23. 如图15,有两段直的道路,每段都是东西方向.用相等半径的两个圆的弧组成的新路把它们连起来.所有的路在连接点必须相切,且两条弧本身在其交点必有公切线.这两条圆弧的半径是( ).

  A. 600 m B. 625 m C. 450 m

D. 750 m   E. 500 m

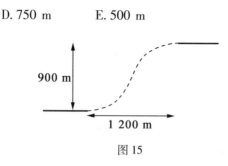

图 15

解 如图 16,右边圆的圆心必须在切点 P 的正下方. 设 T 是两圆的交点,有公切线,又设 TR 是由 T 到 OP 的垂线,交 OP 于 R. 两个圆的半径都是 x, 则 $\triangle ORT$ 是直角三角形,直角在 R 处,具有长为 x 的斜边,且另两边长为 600 和 $x - 450$. 所以 $(x-450)^2 + 600^2 = x^2$, 即 $x^2 - 900x + 450^2 + 600^2 = x^2$, 即 $900x = 450^2 + 600^2$, 即 $(30)^2 x = (15 \times 30)^2 + (20 \times 30)^2$ 或 $x = 15^2 + 20^2 = 625$.

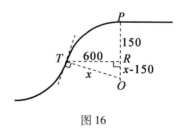

图 16

(B)

24. 把一些点排列在包含 4 行和 n 行的矩形网络中. 考虑用不同方法为点子涂色, 每点或者涂黄色或者涂绿色. 如果其任何四个同样颜色的点都不能构成具有水平和垂直边的矩形(或正方形),称该图的涂色为"好"的. 容许该图成为"好"涂色的最大 n 值是( ).

A. 7   B. 4   C. 5

D. 6   E. 8

解 见:中级卷1984年试题第26题.   (D)

25. 一个棱长为 6 cm 的立方体被平行于该立方体各面的平面分成216个单位立方体. 一个直径6 cm的球面内切于此大立方体,使得该立方体的各面与球面相切. 整个包含于该球面内的单位立方体的个数是( ).

A. 48 棱   B. 56 棱   C. 60 棱

D. 64 棱   E. 40 棱

解 取原点 O 在立方体的中心且棱平行于 OX,OY 和 OZ. 该球面方程是 $x^2 + y^2 + z^2 = 9$. 我们考虑在水平 $z = 0,1,2$ 的截面. 平面 $z = 1$ 与球面相交成圆 $x^2 + y^2 = 8$,点 $(\pm 2, \pm 2)$ 在圆上,所以有 $2 \times 16 = 32$ 个单位立方体包含于球内且在平面 $z = \pm 1$ 之间. 平面 $z = 2$ 与球面相交成圆 $x^2 + y^2 = 5$,具有点 $(\pm 2, \pm 1)$ 和 $(\pm 1, \pm 2)$ 在圆上. 有12个单位立方体在球内且介于平面 $z = 1$ 和 $z = 2$ 之间. 所以球内单位立方体总数是 $32 + 2 \times 12 = 56$.   (B)

编辑手记

数学竞赛是一项吸引人的活动,著名数学家 M. Gardner 指出:初学者解答一个巧题时得到了快乐,数学家解决了更先进的问题时也得到了快乐,在这两种快乐之间没有很大的区别.二者都关注美丽动人之处——即支撑着所有结构的那匀称的,定义分明的,神秘的和迷人的秩序.

由于中国数学奥林匹克如同乒乓球和围棋一样在世界享有盛誉,所以有关数学竞赛的书籍也多如牛毛,但这是本工作室首次出版澳大利亚的数学竞赛题解.

澳大利亚笔者没有去过,但与之相邻的新西兰笔者去过多次,虽然新西兰

编辑手记

也出过菲尔兹奖得主即琼斯——琼斯多项式的提出者,但整体上数学教育水平还是澳大利亚略高一筹. 以至于新西兰中小学生参加的数学竞赛还是使用澳大利亚的竞赛题目,按说从历史上看新西兰的早期移民大多是欧洲的贵族,而澳大利亚居民大多是被发配的罪犯,经过百年的历史演变可以看出社会制度的威力,这是值得我们深思的. 再一个可供我们反思的是澳大利亚慢生活的魅力. 我们近四十年来,高歌猛进,大干快上,锐意进取,岁月匆匆.

回顾历史,19 世纪的欧洲,大量的娱乐时间意味着一个人的社会地位很高:一位哲学家曾这样描述 1840 年前后巴黎文人、学士的生活——他们的时间十分富余,以至于在游乐场遛乌龟成了一件非常时髦的事情,类似的项目在澳大利亚还能找到.

摘一段《数学竞赛史话》(单墫著,广西教育出版社,1990.)中关于澳大利亚数学竞赛的介绍.

第 29 届 IMO 于 1988 年在澳大利亚首都堪培拉举行.

这一届 IMO 有 49 个国家和地区参加,选手达到 268 名. 规模之大超过以往任何一届.

这一年,恰逢澳大利亚建国 200 周年,整个 IMO 的活动在十分热烈、隆重的气氛中进行.

这是第一次在南半球举行的 IMO,也是

第一次在亚洲地区和太平洋沿岸地区举行的 IMO. 参赛的非欧洲国家和地区有 25 个，第一次超过了欧洲国家(24 个).

东道主澳大利亚自 1971 年开展全国性的数学竞赛，并且在 70 年代末成立了设在国家科学院之下的澳大利亚数学奥林匹克委员会，该委员会专门负责选拔和培训澳大利亚参加 IMO 的代表队. 澳大利亚各州都有一名人员参加这个委员会的工作. 澳大利亚自 1981 年起，每年都参加 IMO. IMO(物理、化学奥林匹克)的培训都在堪培拉高等教育学院进行. 澳大利亚数学会一直对这个活动给予经费与业务方面的支持和帮助. 澳大利亚 IBM 有限公司每年提供赞助.

早在 1982 年,澳大利亚数学会及一些数学界、教育界人士就提出在 1988 年庆祝该国建国 200 周年之际举办 IMO. 澳大利亚政府接受了这一建议，并确定第 29 届 IMO 为澳大利亚建国 200 周年的教育庆祝活动. 在 1984 年成立了"澳大利亚 1988 年 IMO 委员会". 委员会的成员包括政府、科学、教育、企业等各界人士. 澳大利亚为第 29 届 IMO 做了大量准备工作，政府要员也纷纷出马. 总理霍克与教育部部长为举办 IMO 所印的宣传册等写祝词. 霍克还出席了竞赛的颁奖仪式，他亲自为荣获金奖(一等奖)的 17 位中

编辑手记

学生(包括我国的何宏宇和陈晞)颁奖,并发表了热情洋溢的讲话.竞赛期间澳大利亚国土部部长在国会大厦为各国领队举行了招待会,国家科学院院长也举办了鸡尾酒会.竞赛结束时,教育部部长设宴招待所有参加IMO的人员.澳大利亚数学界的教授、学者也做了大量的组织接待及业务工作,为这届IMO作出了巨大的贡献.竞赛地点在堪培拉高等教育学院.组织者除了堪培拉的活动外,还安排了各代表队在悉尼的旅游.澳大利亚IBM公司将这届IMO列为该公司1988年的14项工作之一,它是这届IMO的最大的赞助商.

竞赛的最高领导机构是"澳大利亚1988年IMO委员会",由23人组成(其中有7位教授,4位博士).主席为澳大利亚科学院院士、亚特兰大大学的波茨(R. Potts)教授.在1984年至1988年期间,该委员会开过3次会来确定组织机构、组织方案、经费筹措等重大问题.在1984年的会议上决定成立"1988年IMO组织委员会",负责具体的组织工作.

组委会共有13人(其中有3位教授,4位博士),主席为堪培拉高等教育学院的奥哈伦(P. J. O'Halloran)先生,波茨教授也是组委会委员.

组委会下设6个委员会.

1. 学术委员会

主席由组委会委员、新南威尔士大学的戴维·亨特(D. Hunt)博士担任. 下设两个委员会:

(1)选题委员会. 由6人组成(包括3位教授,1位副教授和1位博士. 其中有两位为科学院院士). 该委员会负责对各国提供的竞赛题进行审查、挑选,并推荐其中的一些题目给主试委员会讨论.

(2)协调委员会. 由主任协调员1人,高级协调员6人(其中有两位教授,1位副教授,1位博士),协调员33人(其中有5位副教授,18位博士)组成. 协调员中有5位曾代表澳大利亚参加IMO并获奖. 协调委员会负责试卷的评分工作:分为6个组,每组在1位高级协调员的领导下核定一道试题的评分.

2. 活动计划委员会

该委员会有70人左右,负责竞赛期间各代表队的食宿、交通、活动等后勤工作. 给每个代表队配备1位向导. 向导身着印有IMO标记的统一服装. 各队如有什么要求或问题均可通过向导反映. IMO的一切活动也由向导传送到各代表队.

3. 信息委员会

负责竞赛前及竞赛期间的文件的编印,

准备奖品和证书等.

4. 礼仪委员会

负责澳大利亚政府为 1988 年 IMO 组织的庆典仪式、宴会等活动. 由内阁有关部门、澳大利亚数学基金会、首都特区教育部门、一些院校及社会公益部门的人员组成.

5. 财务委员会

负责这届 IMO 的财务管理. 由两位博士分别担任主席和顾问,一位教授任司库.

6. 主试委员会(Jury,或译为评审委员会)

由澳大利亚数学界人士和各国或地区领队组成. 主席为波茨教授. 另设副主席、翻译、秘书各 1 位.

主试委员会为 IMO 的核心. 有关竞赛的任何重大问题必须经主试委员会表决通过后才能施行,所以主席必须是数学界的权威人士,办事果断并具有相当的外交经验.

以上 6 个委员会共约 140 人,有些人身兼数职. 各机构职能分明又互相配合.

这届竞赛活动于 1988 年 7 月 9 日开始. 各代表队在当日抵达悉尼并于当日去新南威尔士大学报到. 领队报到后就离开代表队住在另一个宾馆,并于 11 日去往堪培拉. 各代表队在副领队的带领下由澳大利亚方面安排在悉尼参观游览,14 日去往堪培拉,住在堪培拉高等教育学院.

　　领队抵达堪培拉后,住在澳大利亚国立大学,参加主试委员会,确定竞赛试题,译成本国文字.在竞赛的第二天(16日)领队与本国或本地区代表队汇合,并与副领队一起批阅试卷.

　　竞赛在15、16日两天上午进行,从8:30开始,有15个考场,每个考场有17至18名学生.同一代表队的选手分布在不同的考场.比赛的前半小时(8:30 – 9:00)为学生提问时间.每个学生有三张试卷,一题一张;又有三张专供提问的纸,也是一题一张.试卷和问题纸上印有学生的编号和题号.学生将问题写在问题纸上由传递员传送.此时领队们在距考场不远的教室等候.学生所提问题由传递员首先送给主试委员会主席过目后,再交给领队.领队必须将学生所提问题译成工作语言当众宣读,由主试委员会决定是否应当回答.领队的回答写好后,必须当众宣读,经主试委员会表决同意后,再由传递员送给学生.

　　阅卷的结果及时公布在记分牌上.各代表队的成绩如何,一目了然.

　　根据中国香港代表队的建议,第29届IMO首次设立了荣誉奖,颁发给那些虽然未能获得一、二、三等奖,但至少有一道题得到

编辑手记

满分的选手.于是有 26 个代表队的 33 名选手获得了荣誉奖,其中有 7 个代表队是没有获得一、二、三等奖的.设置荣誉奖的做法,显然有利于调动更多国家或地区、更多选手的积极性.

在整个竞赛期间,澳大利亚工作人员认真负责,彬彬有礼,效率之高令人赞叹!

为了表达对大家的感谢,荷兰领队 J. Noten boom 教授完成了一件奇迹般的工作,他用 200 个高脚玻璃杯组成了一个大球(非常优美的数学模型!),在告别宴会上赠给组委会主席奥哈伦教授.

单墫教授当年在这本著作出版后即赠了一本给笔者,二十多年过去了,这本书仍留在笔者的案头上,听说最近又要再版了.

寥寥数语,是以为记.

刘培杰

2019.2.21

于哈工大

刘培杰数学工作室
已出版(即将出版)图书目录——初等数学

书　　名	出版时间	定　价	编号
新编中学数学解题方法全书(高中版)上卷(第2版)	2018—08	58.00	951
新编中学数学解题方法全书(高中版)中卷(第2版)	2018—08	68.00	952
新编中学数学解题方法全书(高中版)下卷(一)(第2版)	2018—08	58.00	953
新编中学数学解题方法全书(高中版)下卷(二)(第2版)	2018—08	58.00	954
新编中学数学解题方法全书(高中版)下卷(三)(第2版)	2018—08	68.00	955
新编中学数学解题方法全书(初中版)上卷	2008—01	28.00	29
新编中学数学解题方法全书(初中版)中卷	2010—07	38.00	75
新编中学数学解题方法全书(高考复习卷)	2010—01	48.00	67
新编中学数学解题方法全书(高考真题卷)	2010—01	38.00	62
新编中学数学解题方法全书(高考精华卷)	2011—03	68.00	118
新编平面解析几何解题方法全书(专题讲座卷)	2010—01	18.00	61
新编中学数学解题方法全书(自主招生卷)	2013—08	88.00	261
数学奥林匹克与数学文化(第一辑)	2006—05	48.00	4
数学奥林匹克与数学文化(第二辑)(竞赛卷)	2008—01	48.00	19
数学奥林匹克与数学文化(第二辑)(文化卷)	2008—07	58.00	36'
数学奥林匹克与数学文化(第三辑)(竞赛卷)	2010—01	48.00	59
数学奥林匹克与数学文化(第四辑)(竞赛卷)	2011—08	58.00	87
数学奥林匹克与数学文化(第五辑)	2015—06	98.00	370
世界著名平面几何经典著作钩沉——几何作图专题卷(上)	2009—06	48.00	49
世界著名平面几何经典著作钩沉——几何作图专题卷(下)	2011—01	88.00	80
世界著名平面几何经典著作钩沉(民国平面几何老课本)	2011—03	38.00	113
世界著名平面几何经典著作钩沉(建国初期平面三角老课本)	2015—08	38.00	507
世界著名解析几何经典著作钩沉——平面解析几何卷	2014—01	38.00	264
世界著名数论经典著作钩沉(算术卷)	2012—01	28.00	125
世界著名数学经典著作钩沉——立体几何卷	2011—02	28.00	88
世界著名三角学经典著作钩沉(平面三角卷Ⅰ)	2010—06	28.00	69
世界著名三角学经典著作钩沉(平面三角卷Ⅱ)	2011—01	38.00	78
世界著名初等数论经典著作钩沉(理论和实用算术卷)	2011—07	38.00	126
发展你的空间想象力	2017—06	38.00	785
空间想象力进阶	2019—05	68.00	1062
走向国际数学奥林匹克的平面几何试题诠释.第1卷	即将出版		1043
走向国际数学奥林匹克的平面几何试题诠释.第2卷	即将出版		1044
走向国际数学奥林匹克的平面几何试题诠释.第3卷	2019—03	78.00	1045
走向国际数学奥林匹克的平面几何试题诠释.第4卷	即将出版		1046
平面几何证明方法全书	2007—08	35.00	1
平面几何证明方法全书习题解答(第2版)	2006—12	18.00	10
平面几何天天练上卷·基础篇(直线型)	2013—01	58.00	208
平面几何天天练中卷·基础篇(涉及圆)	2013—01	28.00	234
平面几何天天练下卷·提高篇	2013—01	58.00	237
平面几何专题研究	2013—07	98.00	258

刘培杰数学工作室
已出版(即将出版)图书目录——初等数学

书　名	出版时间	定　价	编号
最新世界各国数学奥林匹克中的平面几何试题	2007—09	38.00	14
数学竞赛平面几何典型题及新颖解	2010—07	48.00	74
初等数学复习及研究(平面几何)	2008—09	58.00	38
初等数学复习及研究(立体几何)	2010—06	38.00	71
初等数学复习及研究(平面几何)习题解答	2009—01	48.00	42
几何学教程(平面几何卷)	2011—03	68.00	90
几何学教程(立体几何卷)	2011—07	68.00	130
几何变换与几何证题	2010—06	88.00	70
计算方法与几何证题	2011—06	28.00	129
立体几何技巧与方法	2014—04	88.00	293
几何瑰宝——平面几何500名题暨1000条定理(上、下)	2010—07	138.00	76,77
三角形的解法与应用	2012—07	18.00	183
近代的三角形几何学	2012—07	48.00	184
一般折线几何学	2015—08	48.00	503
三角形的五心	2009—06	28.00	51
三角形的六心及其应用	2015—10	68.00	542
三角形趣谈	2012—08	28.00	212
解三角形	2014—01	28.00	265
三角学专门教程	2014—09	28.00	387
图天下几何新题试卷.初中(第2版)	2017—11	58.00	855
圆锥曲线习题集(上册)	2013—06	68.00	255
圆锥曲线习题集(中册)	2015—01	78.00	434
圆锥曲线习题集(下册·第1卷)	2016—10	78.00	683
圆锥曲线习题集(下册·第2卷)	2018—01	98.00	853
论九点圆	2015—05	88.00	645
近代欧氏几何学	2012—03	48.00	162
罗巴切夫斯基几何学及几何基础概要	2012—07	28.00	188
罗巴切夫斯基几何学初步	2015—06	28.00	474
用三角、解析几何、复数、向量计算解数学竞赛几何题	2015—03	48.00	455
美国中学几何教程	2015—04	88.00	458
三线坐标与三角形特征点	2015—04	98.00	460
平面解析几何方法与研究(第1卷)	2015—05	18.00	471
平面解析几何方法与研究(第2卷)	2015—06	18.00	472
平面解析几何方法与研究(第3卷)	2015—07	18.00	473
解析几何研究	2015—01	38.00	425
解析几何学教程.上	2016—01	38.00	574
解析几何学教程.下	2016—01	38.00	575
几何学基础	2016—01	58.00	581
初等几何研究	2015—02	58.00	444
十九和二十世纪欧氏几何学中的片段	2017—01	58.00	696
平面几何中考.高考.奥数一本通	2017—07	28.00	820
几何学简史	2017—08	28.00	833
四面体	2018—01	48.00	880
平面几何证明方法思路	2018—12	68.00	913
平面几何图形特性新析.上篇	2019—01	68.00	911
平面几何图形特性新析.下篇	2018—06	88.00	912
平面几何范例多解探究.上篇	2018—04	48.00	910
平面几何范例多解探究.下篇	2018—12	68.00	914
从分析解题过程学解题:竞赛中的几何问题研究	2018—07	68.00	946
二维、三维欧氏几何的对偶原理	2018—12	38.00	990
星形大观及闭折线论	2019—03	68.00	1020

刘培杰数学工作室
已出版(即将出版)图书目录——初等数学

书 名	出版时间	定价	编号
俄罗斯平面几何问题集	2009—08	88.00	55
俄罗斯立体几何问题集	2014—03	58.00	283
俄罗斯几何大师——沙雷金论数学及其他	2014—01	48.00	271
来自俄罗斯的5000道几何习题及解答	2011—03	58.00	89
俄罗斯初等数学问题集	2012—05	38.00	177
俄罗斯函数问题集	2011—03	38.00	103
俄罗斯组合分析问题集	2011—01	48.00	79
俄罗斯初等数学万题选——三角卷	2012—11	38.00	222
俄罗斯初等数学万题选——代数卷	2013—08	68.00	225
俄罗斯初等数学万题选——几何卷	2014—01	68.00	226
俄罗斯《量子》杂志数学征解问题100题选	2018—08	48.00	969
俄罗斯《量子》杂志数学征解问题又100题选	2018—08	48.00	970
463个俄罗斯几何老问题	2012—01	28.00	152
《量子》数学短文精粹	2018—09	38.00	972
谈谈素数	2011—03	18.00	91
平方和	2011—03	18.00	92
整数论	2011—05	38.00	120
从整数谈起	2015—10	28.00	538
数与多项式	2016—01	38.00	558
谈谈不定方程	2011—05	28.00	119
解析不等式新论	2009—06	68.00	48
建立不等式的方法	2011—03	98.00	104
数学奥林匹克不等式研究	2009—08	68.00	56
不等式研究(第二辑)	2012—02	68.00	153
不等式的秘密(第一卷)	2012—02	28.00	154
不等式的秘密(第一卷)(第2版)	2014—02	38.00	286
不等式的秘密(第二卷)	2014—01	38.00	268
初等不等式的证明方法	2010—06	38.00	123
初等不等式的证明方法(第二版)	2014—11	38.00	407
不等式·理论·方法(基础卷)	2015—07	38.00	496
不等式·理论·方法(经典不等式卷)	2015—07	38.00	497
不等式·理论·方法(特殊类型不等式卷)	2015—07	48.00	498
不等式探究	2016—03	38.00	582
不等式探秘	2017—01	88.00	689
四面体不等式	2017—01	68.00	715
数学奥林匹克中常见重要不等式	2017—09	38.00	845
三正弦不等式	2018—09	98.00	974
函数方程与不等式:解法与稳定性结果	2019—04	68.00	1058
同余理论	2012—05	38.00	163
[x]与{x}	2015—04	48.00	476
极值与最值.上卷	2015—06	28.00	486
极值与最值.中卷	2015—06	38.00	487
极值与最值.下卷	2015—06	28.00	488
整数的性质	2012—11	38.00	192
完全平方数及其应用	2015—08	78.00	506
多项式理论	2015—10	88.00	541
奇数、偶数、奇偶分析法	2018—01	98.00	876
不定方程及其应用.上	2018—12	58.00	992
不定方程及其应用.中	2019—01	78.00	993
不定方程及其应用.下	2019—02	98.00	994

刘培杰数学工作室
已出版（即将出版）图书目录——初等数学

书　名	出版时间	定　价	编号
历届美国中学生数学竞赛试题及解答（第一卷）1950—1954	2014—07	18.00	277
历届美国中学生数学竞赛试题及解答（第二卷）1955—1959	2014—04	18.00	278
历届美国中学生数学竞赛试题及解答（第三卷）1960—1964	2014—06	18.00	279
历届美国中学生数学竞赛试题及解答（第四卷）1965—1969	2014—04	28.00	280
历届美国中学生数学竞赛试题及解答（第五卷）1970—1972	2014—06	18.00	281
历届美国中学生数学竞赛试题及解答（第六卷）1973—1980	2017—07	18.00	768
历届美国中学生数学竞赛试题及解答（第七卷）1981—1986	2015—01	18.00	424
历届美国中学生数学竞赛试题及解答（第八卷）1987—1990	2017—05	18.00	769

书　名	出版时间	定　价	编号
历届IMO试题集(1959—2005)	2006—05	58.00	5
历届CMO试题集	2008—09	28.00	40
历届中国数学奥林匹克试题集（第2版）	2017—03	38.00	757
历届加拿大数学奥林匹克试题集	2012—08	38.00	215
历届美国数学奥林匹克试题集：多解推广加强	2012—08	38.00	209
历届美国数学奥林匹克试题集：多解推广加强（第2版）	2016—03	48.00	592
历届波兰数学竞赛试题集.第1卷,1949~1963	2015—03	18.00	453
历届波兰数学竞赛试题集.第2卷,1964~1976	2015—03	18.00	454
历届巴尔干数学奥林匹克试题集	2015—05	38.00	466
保加利亚数学奥林匹克	2014—10	38.00	393
圣彼得堡数学奥林匹克试题集	2015—01	38.00	429
匈牙利奥林匹克数学竞赛题解.第1卷	2016—05	28.00	593
匈牙利奥林匹克数学竞赛题解.第2卷	2016—05	28.00	594
历届美国数学邀请赛试题集（第2版）	2017—10	78.00	851
全国高中数学竞赛试题及解答.第1卷	2014—07	38.00	331
普林斯顿大学数学竞赛	2016—06	38.00	669
亚太地区数学奥林匹克竞赛题	2015—07	18.00	492
日本历届（初级）广中杯数学竞赛试题及解答.第1卷(2000~2007)	2016—05	28.00	641
日本历届（初级）广中杯数学竞赛试题及解答.第2卷(2008~2015)	2016—05	38.00	642
360个数学竞赛问题	2016—08	58.00	677
奥数最佳实战题.上卷	2017—06	38.00	760
奥数最佳实战题.下卷	2017—05	58.00	761
哈尔滨市早期中学数学竞赛试题汇编	2016—07	28.00	672
全国高中数学联赛试题及解答：1981—2017（第2版）	2018—05	98.00	920
20世纪50年代全国部分城市数学竞赛试题汇编	2017—07	28.00	797
高中数学竞赛培训教程：平面几何问题的求解方法与策略.上	2018—05	68.00	906
高中数学竞赛培训教程：平面几何问题的求解方法与策略.下	2018—06	78.00	907
高中数学竞赛培训教程：整除与同余以及不定方程	2018—01	88.00	908
高中数学竞赛培训教程：组合计数与组合极值	2018—04	48.00	909
高中数学竞赛培训教程：初等代数	2019—04	78.00	1042
国内外数学竞赛题及精解：2016~2017	2018—07	45.00	922
许康华竞赛优学精选集.第一辑	2018—08	68.00	949

书　名	出版时间	定　价	编号
高考数学临门一脚（含密押三套卷）（理科版）	2017—01	45.00	743
高考数学临门一脚（含密押三套卷）（文科版）	2017—01	45.00	744
新课标高考数学题型全归纳（文科版）	2015—05	72.00	467
新课标高考数学题型全归纳（理科版）	2015—05	82.00	468
洞穿高考数学解答题核心考点（理科版）	2015—11	49.80	550
洞穿高考数学解答题核心考点（文科版）	2015—11	46.80	551

刘培杰数学工作室
已出版(即将出版)图书目录——初等数学

书　　名	出版时间	定　价	编号
高考数学题型全归纳:文科版.上	2016—05	53.00	663
高考数学题型全归纳:文科版.下	2016—05	53.00	664
高考数学题型全归纳:理科版.上	2016—05	58.00	665
高考数学题型全归纳:理科版.下	2016—05	58.00	666
王连笑教你怎样学数学:高考选择题解题策略与客观题实用训练	2014—01	48.00	262
王连笑教你怎样学数学:高考数学高层次讲座	2015—02	48.00	432
高考数学的理论与实践	2009—08	38.00	53
高考数学核心题型解题方法与技巧	2010—01	28.00	86
高考思维新平台	2014—03	38.00	259
30分钟拿下高考数学选择题、填空题(理科版)	2016—10	39.80	720
30分钟拿下高考数学选择题、填空题(文科版)	2016—10	39.80	721
高考数学压轴题解题诀窍(上)(第2版)	2018—01	58.00	874
高考数学压轴题解题诀窍(下)(第2版)	2018—01	48.00	875
北京市五区文科数学三年高考模拟题详解:2013~2015	2015—08	48.00	500
北京市五区理科数学三年高考模拟题详解:2013~2015	2015—09	68.00	505
向量法巧解数学高考题	2009—08	28.00	54
高考数学万能解题法(第2版)	即将出版	38.00	691
高考物理万能解题法(第2版)	即将出版	38.00	692
高考化学万能解题法(第2版)	即将出版	28.00	693
高考生物万能解题法(第2版)	即将出版	28.00	694
高考数学解题金典(第2版)	2017—01	78.00	716
高考物理解题金典(第2版)	2019—05	68.00	717
高考化学解题金典(第2版)	2019—05	58.00	718
我一定要赚分:高中物理	2016—01	38.00	580
数学高考参考	2016—01	78.00	589
2011~2015年全国及各省市高考数学文科精品试题审题要津与解法研究	2015—10	68.00	539
2011~2015年全国及各省市高考数学理科精品试题审题要津与解法研究	2015—10	88.00	540
最新全国及各省市高考数学试卷解法研究及点拨评析	2009—02	38.00	41
2011年全国及各省市高考数学试题审题要津与解法研究	2011—10	48.00	139
2013年全国及各省市高考数学试题解析与点评	2014—01	48.00	282
全国及各省市高考数学试题审题要津与解法研究	2015—02	48.00	450
新课标高考数学——五年试题分章详解(2007~2011)(上、下)	2011—10	78.00	140,141
全国中考数学压轴题审题要津与解法研究	2013—04	78.00	248
新编全国及各省市中考数学压轴题审题要津与解法研究	2014—05	58.00	342
全国各省市5年中考数学压轴题审题要津与解法研究(2015版)	2015—04	58.00	462
中考数学专题总复习	2007—04	28.00	6
中考数学较难题、难题常考题型解题方法与技巧.上	2016—01	48.00	584
中考数学较难题、难题常考题型解题方法与技巧.下	2016—01	58.00	585
中考数学较难题常考题型解题方法与技巧	2016—09	48.00	681
中考数学难题常考题型解题方法与技巧	2016—09	48.00	682
中考数学中档题常考题型解题方法与技巧	2017—08	68.00	835
中考数学选择填空压轴好题妙解365	2017—05	38.00	759

刘培杰数学工作室
已出版(即将出版)图书目录——初等数学

书　名	出版时间	定　价	编号
中考数学小压轴汇编初讲	2017—07	48.00	788
中考数学大压轴专题微言	2017—09	48.00	846
北京中考数学压轴题解题方法突破(第4版)	2019—01	58.00	1001
助你高考成功的数学解题智慧:知识是智慧的基础	2016—01	58.00	596
助你高考成功的数学解题智慧:错误是智慧的试金石	2016—04	58.00	643
助你高考成功的数学解题智慧:方法是智慧的推手	2016—04	68.00	657
高考数学奇思妙解	2016—04	38.00	610
高考数学解题策略	2016—05	48.00	670
数学解题泄天机(第2版)	2017—10	48.00	850
高考物理压轴题全解	2017—04	48.00	746
高中物理经典问题25讲	2017—05	28.00	764
高中物理教学讲义	2018—01	48.00	871
2016年高考文科数学真题研究	2017—04	58.00	754
2016年高考理科数学真题研究	2017—04	78.00	755
2017年高考理科数学真题研究	2018—01	58.00	867
2017年高考文科数学真题研究	2018—01	48.00	868
初中数学、高中数学脱节知识补缺教材	2017—06	48.00	766
高考数学小题抢分必练	2017—10	48.00	834
高考数学核心素养解读	2017—09	38.00	839
高考数学客观题解题方法和技巧	2017—10	38.00	847
十年高考数学精品试题审题要津与解法研究.上卷	2018—01	68.00	872
十年高考数学精品试题审题要津与解法研究.下卷	2018—01	58.00	873
中国历届高考数学试题及解答.1949—1979	2018—01	38.00	877
历届中国高考数学试题及解答.第二卷,1980—1989	2018—10	28.00	975
历届中国高考数学试题及解答.第三卷,1990—1999	2018—10	48.00	976
数学文化与高考研究	2018—03	48.00	882
跟我学解高中数学题	2018—07	58.00	926
中学数学研究的方法及案例	2018—05	58.00	869
高考数学抢分技能	2018—07	68.00	934
高一新生常用数学方法和重要数学思想提升教材	2018—06	38.00	921
2018年高考数学真题研究	2019—01	68.00	1000
高考数学全国卷16道选择、填空题常考题型解题诀窍:理科	2018—09	88.00	971

新编640个世界著名数学智力趣题	2014—01	88.00	242
500个最新世界著名数学智力趣题	2008—06	48.00	3
400个最新世界著名数学最值问题	2008—09	48.00	36
500个世界著名数学征解问题	2009—06	48.00	52
400个中国最佳初等数学征解老问题	2010—01	48.00	60
500个俄罗斯数学经典老题	2011—01	28.00	81
1000个国外中学物理好题	2012—04	48.00	174
300个日本高考数学题	2012—05	38.00	142
700个早期日本高考数学试题	2017—02	88.00	752
500个前苏联早期高考数学试题及解答	2012—05	28.00	185
546个早期俄罗斯大学生数学竞赛题	2014—03	38.00	285
548个来自美苏的数学好问题	2014—11	28.00	396
20所苏联著名大学早期入学试题	2015—02	18.00	452
161道德国工科大学生必做的微分方程习题	2015—05	28.00	469
500个德国工科大学生必做的高数习题	2015—06	28.00	478
360个数学竞赛问题	2016—08	58.00	677
200个趣味数学故事	2018—02	48.00	857
470个数学奥林匹克中的最值问题	2018—10	88.00	985
德国讲义日本考题.微积分卷	2015—04	48.00	456
德国讲义日本考题.微分方程卷	2015—04	38.00	457
二十世纪中叶中、英、美、日、法、俄高考数学试题精选	2017—06	38.00	783

刘培杰数学工作室
已出版(即将出版)图书目录——初等数学

书　名	出版时间	定　价	编号
中国初等数学研究　2009卷(第1辑)	2009—05	20.00	45
中国初等数学研究　2010卷(第2辑)	2010—05	30.00	68
中国初等数学研究　2011卷(第3辑)	2011—07	60.00	127
中国初等数学研究　2012卷(第4辑)	2012—07	48.00	190
中国初等数学研究　2014卷(第5辑)	2014—02	48.00	288
中国初等数学研究　2015卷(第6辑)	2015—06	68.00	493
中国初等数学研究　2016卷(第7辑)	2016—04	68.00	609
中国初等数学研究　2017卷(第8辑)	2017—01	98.00	712
几何变换(Ⅰ)	2014—07	28.00	353
几何变换(Ⅱ)	2015—06	28.00	354
几何变换(Ⅲ)	2015—01	38.00	355
几何变换(Ⅳ)	2015—12	38.00	356
初等数论难题集(第一卷)	2009—05	68.00	44
初等数论难题集(第二卷)(上、下)	2011—02	128.00	82,83
数论概貌	2011—03	18.00	93
代数数论(第二版)	2013—08	58.00	94
代数多项式	2014—06	38.00	289
初等数论的知识与问题	2011—02	28.00	95
超越数论基础	2011—03	28.00	96
数论初等教程	2011—03	28.00	97
数论基础	2011—03	18.00	98
数论基础与维诺格拉多夫	2014—03	18.00	292
解析数论基础	2012—08	28.00	216
解析数论基础(第二版)	2014—01	48.00	287
解析数论问题集(第二版)(原版引进)	2014—05	88.00	343
解析数论问题集(第二版)(中译本)	2016—04	88.00	607
解析数论基础(潘承洞,潘承彪著)	2016—07	98.00	673
解析数论导引	2016—07	58.00	674
数论入门	2011—03	38.00	99
代数数论入门	2015—03	38.00	448
数论开篇	2012—07	28.00	194
解析数论引论	2011—03	48.00	100
Barban Davenport Halberstam均值和	2009—01	40.00	33
基础数论	2011—03	28.00	101
初等数论100例	2011—05	18.00	122
初等数论经典例题	2012—07	18.00	204
最新世界各国数学奥林匹克中的初等数论试题(上、下)	2012—01	138.00	144,145
初等数论(Ⅰ)	2012—01	18.00	156
初等数论(Ⅱ)	2012—01	18.00	157
初等数论(Ⅲ)	2012—01	28.00	158

刘培杰数学工作室
已出版(即将出版)图书目录——初等数学

书 名	出版时间	定 价	编号
平面几何与数论中未解决的新老问题	2013—01	68.00	229
代数数论简史	2014—11	28.00	408
代数数论	2015—09	88.00	532
代数、数论及分析习题集	2016—11	98.00	695
数论导引提要及习题解答	2016—01	48.00	559
素数定理的初等证明.第2版	2016—09	48.00	686
数论中的模函数与狄利克雷级数(第二版)	2017—11	78.00	837
数论:数学导引	2018—01	68.00	849
范式大代数	2019—02	98.00	1016
解析数学讲义.第一卷,导来式及微分、积分、级数	2019—04	88.00	1021
解析数学讲义.第二卷,关于几何的应用	2019—04	68.00	1022
解析数学讲义.第三卷,解析函数论	2019—04	78.00	1023
分析・组合・数论纵横谈	2019—04	58.00	1039
数学精神巡礼	2019—01	58.00	731
数学眼光透视(第2版)	2017—06	78.00	732
数学思想领悟(第2版)	2018—01	68.00	733
数学方法溯源(第2版)	2018—08	68.00	734
数学解题引论	2017—05	58.00	735
数学史话览胜(第2版)	2017—01	48.00	736
数学应用展观(第2版)	2017—08	68.00	737
数学建模尝试	2018—04	48.00	738
数学竞赛采风	2018—01	68.00	739
数学测评探营	2019—05	58.00	740
数学技能操握	2018—03	48.00	741
数学欣赏拾趣	2018—02	48.00	742
从毕达哥拉斯到怀尔斯	2007—10	48.00	9
从迪利克雷到维斯卡尔迪	2008—01	48.00	21
从哥德巴赫到陈景润	2008—05	98.00	35
从庞加莱到佩雷尔曼	2011—08	138.00	136
博弈论精粹	2008—03	58.00	30
博弈论精粹.第二版(精装)	2015—01	88.00	461
数学 我爱你	2008—01	28.00	20
精神的圣徒 别样的人生——60位中国数学家成长的历程	2008—09	48.00	39
数学史概论	2009—06	78.00	50
数学史概论(精装)	2013—03	158.00	272
数学史选讲	2016—01	48.00	544
斐波那契数列	2010—02	28.00	65
数学拼盘和斐波那契魔方	2010—07	38.00	72
斐波那契数列欣赏(第2版)	2018—08	58.00	948
Fibonacci 数列中的明珠	2018—06	58.00	928
数学的创造	2011—02	48.00	85
数学美与创造力	2016—01	48.00	595
数海拾贝	2016—01	48.00	590
数学中的美(第2版)	2019—04	68.00	1057
数论中的美学	2014—12	38.00	351

刘培杰数学工作室
已出版(即将出版)图书目录——初等数学

书 名	出版时间	定 价	编号
数学王者 科学巨人——高斯	2015—01	28.00	428
振兴祖国数学的圆梦之旅:中国初等数学研究史话	2015—06	98.00	490
二十世纪中国数学史料研究	2015—10	48.00	536
数字谜、数阵图与棋盘覆盖	2016—01	58.00	298
时间的形状	2016—01	38.00	556
数学发现的艺术:数学探索中的合情推理	2016—07	58.00	671
活跃在数学中的参数	2016—07	48.00	675
数学解题——靠数学思想给力(上)	2011—07	38.00	131
数学解题——靠数学思想给力(中)	2011—07	48.00	132
数学解题——靠数学思想给力(下)	2011—07	38.00	133
我怎样解题	2013—01	48.00	227
数学解题中的物理方法	2011—06	28.00	114
数学解题的特殊方法	2011—06	48.00	115
中学数学计算技巧	2012—01	48.00	116
中学数学证明方法	2012—01	58.00	117
数学趣题巧解	2012—03	28.00	128
高中数学教学通鉴	2015—05	58.00	479
和高中生漫谈:数学与哲学的故事	2014—08	28.00	369
算术问题集	2017—03	38.00	789
张教授讲数学	2018—07	38.00	933
自主招生考试中的参数方程问题	2015—01	28.00	435
自主招生考试中的极坐标问题	2015—04	28.00	463
近年全国重点大学自主招生数学试题全解及研究.华约卷	2015—02	38.00	441
近年全国重点大学自主招生数学试题全解及研究.北约卷	2016—05	38.00	619
自主招生数学解证宝典	2015—09	48.00	535
格点和面积	2012—07	18.00	191
射影几何趣谈	2012—04	28.00	175
斯潘纳尔引理——从一道加拿大数学奥林匹克试题谈起	2014—01	28.00	228
李普希兹条件——从几道近年高考数学试题谈起	2012—10	18.00	221
拉格朗日中值定理——从一道北京高考试题的解法谈起	2015—10	18.00	197
闵科夫斯基定理——从一道清华大学自主招生试题谈起	2014—01	28.00	198
哈尔测度——从一道冬令营试题的背景谈起	2012—08	28.00	202
切比雪夫逼近问题——从一道中国台北数学奥林匹克试题谈起	2013—04	38.00	238
伯恩斯坦多项式与贝齐尔曲面——从一道全国高中数学联赛试题谈起	2013—03	38.00	236
卡塔兰猜想——从一道普特南竞赛试题谈起	2013—06	18.00	256
麦卡锡函数和阿克曼函数——从一道前南斯拉夫数学奥林匹克试题谈起	2012—08	18.00	201
贝蒂定理与拉姆贝克莫斯尔定理——从一个栋石子游戏谈起	2012—08	18.00	217
皮亚诺曲线和豪斯道夫分球定理——从无限集谈起	2012—08	18.00	211
平面凸图形与凸多面体	2012—10	28.00	218
斯坦因豪斯问题——从一道二十五省市自治区中学数学竞赛试题谈起	2012—07	18.00	196

刘培杰数学工作室
已出版(即将出版)图书目录——初等数学

书　名	出版时间	定　价	编号
纽结理论中的亚历山大多项式与琼斯多项式——从一道北京市高一数学竞赛试题谈起	2012-07	28.00	195
原则与策略——从波利亚"解题表"谈起	2013-04	38.00	244
转化与化归——从三大尺规作图不能问题谈起	2012-08	28.00	214
代数几何中的贝祖定理(第一版)——从一道IMO试题的解法谈起	2013-08	18.00	193
成功连贯理论与约当块理论——从一道比利时数学竞赛试题谈起	2012-04	18.00	180
素数判定与大数分解	2014-08	18.00	199
置换多项式及其应用	2012-10	18.00	220
椭圆函数与模函数——从一道美国加州大学洛杉矶分校(UCLA)博士资格考题谈起	2012-10	28.00	219
差分方程的拉格朗日方法——从一道2011年全国高考理科试题的解法谈起	2012-08	28.00	200
力学在几何中的一些应用	2013-01	38.00	240
高斯散度定理、斯托克斯定理和平面格林定理——从一道国际大学生数学竞赛试题谈起	即将出版		
康托洛维奇不等式——从一道全国高中联赛试题谈起	2013-03	28.00	337
西格尔引理——从一道第18届IMO试题的解法谈起	即将出版		
罗斯定理——从一道前苏联数学竞赛试题谈起	即将出版		
拉克斯定理和阿廷定理——从一道IMO试题的解法谈起	2014-01	58.00	246
毕卡大定理——从一道美国大学数学竞赛试题谈起	2014-07	18.00	350
贝齐尔曲线——从一道全国高中联赛试题谈起	即将出版		
拉格朗日乘子定理——从一道2005年全国高中联赛试题的高等数学解法谈起	2015-05	28.00	480
雅可比定理——从一道日本数学奥林匹克试题谈起	2013-04	48.00	249
李天岩—约克定理——从一道波兰数学竞赛试题谈起	2014-06	28.00	349
整系数多项式因式分解的一般方法——从克朗耐克算法谈起	即将出版		
布劳维不动点定理——从一道前苏联数学奥林匹克试题谈起	2014-01	38.00	273
伯恩赛德定理——从一道英国数学奥林匹克试题谈起	即将出版		
布查特-莫斯特定理——从一道上海市初中竞赛试题谈起	即将出版		
数论中的同余数问题——从一道普特南竞赛试题谈起	即将出版		
范・德蒙行列式——从一道美国数学奥林匹克试题谈起	即将出版		
中国剩余定理:总数法构建中国历史年表	2015-01	28.00	430
牛顿序列与方程求根——从一道全国高考试题解法谈起	即将出版		
库默尔定理——从一道IMO预选试题谈起	即将出版		
卢丁定理——从一道冬令营试题的解法谈起	即将出版		
沃斯滕霍姆定理——从一道IMO预选试题谈起	即将出版		
卡尔松不等式——从一道莫斯科数学奥林匹克试题谈起	即将出版		
信息论中的香农熵——从一道近年高考压轴题谈起	即将出版		
约当不等式——从一道希望杯竞赛试题谈起	即将出版		
拉比诺维奇定理	即将出版		
刘维尔定理——从一道《美国数学月刊》征解问题的解法谈起	即将出版		
卡塔兰恒等式与级数求和——从一道IMO试题的解法谈起	即将出版		
勒让德猜想与素数分布——从一道爱尔兰竞赛试题谈起	即将出版		
天平称重与信息论——从一道基辅市数学奥林匹克试题谈起	即将出版		
哈尔顿-凯莱定理:从一道高中数学联赛试题的解法谈起	2014-09	18.00	376
艾思特曼定理——从一道CMO试题的解法谈起	即将出版		

刘培杰数学工作室
已出版（即将出版）图书目录——初等数学

书 名	出版时间	定 价	编号
阿贝尔恒等式与经典不等式及应用	2018—06	98.00	923
迪利克雷除数问题	2018—07	48.00	930
贝克码与编码理论——从一道全国高中联赛试题谈起	即将出版		
帕斯卡三角形	2014—03	18.00	294
蒲丰投针问题——从2009年清华大学的一道自主招生试题谈起	2014—01	38.00	295
斯图姆定理——从一道"华约"自主招生试题的解法谈起	2014—01	18.00	296
许瓦兹引理——从一道加利福尼亚大学伯克利分校数学系博士生试题谈起	2014—08	18.00	297
拉姆塞定理——从王诗宬院士的一个问题谈起	2016—04	48.00	299
坐标法	2013—12	28.00	332
数论三角形	2014—04	38.00	341
毕克定理	2014—07	18.00	352
数林掠影	2014—09	48.00	389
我们周围的概率	2014—10	38.00	390
凸函数最值定理：从一道华约自主招生题的解法谈起	2014—10	28.00	391
易学与数学奥林匹克	2014—10	38.00	392
生物数学趣谈	2015—01	18.00	409
反演	2015—01	28.00	420
因式分解与圆锥曲线	2015—01	18.00	426
轨迹	2015—01	28.00	427
面积原理：从常庚哲的一道CMO试题的积分解法谈起	2015—01	48.00	431
形形色色的不动点定理：从一道28届IMO试题谈起	2015—01	38.00	439
柯西函数方程：从一道上海交大自主招生的试题谈起	2015—02	28.00	440
三角恒等式	2015—02	28.00	442
无理性判定：从一道2014年"北约"自主招生试题谈起	2015—01	38.00	443
数学归纳法	2015—03	18.00	451
极端原理与解题	2015—04	28.00	464
法雷级数	2014—08	18.00	367
摆线族	2015—01	38.00	438
函数方程及其解法	2015—05	38.00	470
含参数的方程和不等式	2012—09	28.00	213
希尔伯特第十问题	2016—01	38.00	543
无穷小量的求和	2016—01	28.00	545
切比雪夫多项式：从一道清华大学金秋营试题谈起	2016—01	38.00	583
泽肯多夫定理	2016—03	38.00	599
代数等式证题法	2016—01	28.00	600
三角等式证题法	2016—01	28.00	601
吴大任教授藏书中的一个因式分解公式：从一道美国数学邀请赛试题的解法谈起	2016—06	28.00	656
易卦——类万物的数学模型	2017—08	68.00	838
"不可思议"的数与数系可持续发展	2018—01	38.00	878
最短线	2018—01	38.00	879
幻方和魔方（第一卷）	2012—05	68.00	173
尘封的经典——初等数学经典文献选读（第一卷）	2012—07	48.00	205
尘封的经典——初等数学经典文献选读（第二卷）	2012—07	38.00	206
初级方程式论	2011—03	28.00	106
初等数学研究（Ⅰ）	2008—09	68.00	37
初等数学研究（Ⅱ）（上、下）	2009—05	118.00	46,47

刘培杰数学工作室
已出版(即将出版)图书目录——初等数学

书　名	出版时间	定　价	编号
趣味初等方程妙题集锦	2014—09	48.00	388
趣味初等数论选美与欣赏	2015—02	48.00	445
耕读笔记(上卷):一位农民数学爱好者的初数探索	2015—04	28.00	459
耕读笔记(中卷):一位农民数学爱好者的初数探索	2015—05	28.00	483
耕读笔记(下卷):一位农民数学爱好者的初数探索	2015—05	28.00	484
几何不等式研究与欣赏.上卷	2016—01	88.00	547
几何不等式研究与欣赏.下卷	2016—01	48.00	552
初等数列研究与欣赏·上	2016—01	48.00	570
初等数列研究与欣赏·下	2016—01	48.00	571
趣味初等函数研究与欣赏.上	2016—09	48.00	684
趣味初等函数研究与欣赏.下	2018—09	48.00	685
火柴游戏	2016—05	38.00	612
智力解谜.第1卷	2017—07	38.00	613
智力解谜.第2卷	2017—07	38.00	614
故事智力	2016—07	48.00	615
名人们喜欢的智力问题	即将出版		616
数学大师的发现、创造与失误	2018—01	48.00	617
异曲同工	2018—09	48.00	618
数学的味道	2018—01	58.00	798
数学千字文	2018—10	68.00	977
数贝偶拾——高考数学题研究	2014—04	28.00	274
数贝偶拾——初等数学研究	2014—04	38.00	275
数贝偶拾——奥数题研究	2014—04	48.00	276
钱昌本教你快乐学数学(上)	2011—12	48.00	155
钱昌本教你快乐学数学(下)	2012—03	58.00	171
集合、函数与方程	2014—01	28.00	300
数列与不等式	2014—01	38.00	301
三角与平面向量	2014—01	28.00	302
平面解析几何	2014—01	38.00	303
立体几何与组合	2014—01	28.00	304
极限与导数、数学归纳法	2014—01	38.00	305
趣味数学	2014—01	28.00	306
教材教法	2014—04	68.00	307
自主招生	2014—05	58.00	308
高考压轴题(上)	2015—01	48.00	309
高考压轴题(下)	2014—10	68.00	310
从费马到怀尔斯——费马大定理的历史	2013—10	198.00	I
从庞加莱到佩雷尔曼——庞加莱猜想的历史	2013—10	298.00	II
从切比雪夫到爱尔特希(上)——素数定理的初等证明	2013—07	48.00	III
从切比雪夫到爱尔特希(下)——素数定理100年	2012—12	98.00	III
从高斯到盖尔方特——二次域的高斯猜想	2013—10	198.00	IV
从库默尔到朗兰兹——朗兰兹猜想的历史	2014—01	98.00	V
从比勃巴赫到德布朗斯——比勃巴赫猜想的历史	2014—02	298.00	VI
从麦比乌斯到陈省身——麦比乌斯变换与麦比乌斯带	2014—02	298.00	VII
从布尔到豪斯道夫——布尔方程与格论漫谈	2013—10	198.00	VIII
从开普勒到阿诺德——三体问题的历史	2014—05	298.00	IX
从华林到华罗庚——华林问题的历史	2013—10	298.00	X

刘培杰数学工作室
已出版(即将出版)图书目录——初等数学

书　名	出版时间	定　价	编号
美国高中数学竞赛五十讲.第1卷(英文)	2014-08	28.00	357
美国高中数学竞赛五十讲.第2卷(英文)	2014-08	28.00	358
美国高中数学竞赛五十讲.第3卷(英文)	2014-09	28.00	359
美国高中数学竞赛五十讲.第4卷(英文)	2014-09	28.00	360
美国高中数学竞赛五十讲.第5卷(英文)	2014-10	28.00	361
美国高中数学竞赛五十讲.第6卷(英文)	2014-11	28.00	362
美国高中数学竞赛五十讲.第7卷(英文)	2014-12	28.00	363
美国高中数学竞赛五十讲.第8卷(英文)	2015-01	28.00	364
美国高中数学竞赛五十讲.第9卷(英文)	2015-01	28.00	365
美国高中数学竞赛五十讲.第10卷(英文)	2015-02	38.00	366
三角函数(第2版)	2017-04	38.00	626
不等式	2014-01	38.00	312
数列	2014-01	38.00	313
方程(第2版)	2017-04	38.00	624
排列和组合	2014-01	28.00	315
极限与导数(第2版)	2016-04	38.00	635
向量(第2版)	2018-08	58.00	627
复数及其应用	2014-08	28.00	318
函数	2014-01	38.00	319
集合	即将出版		320
直线与平面	2014-01	28.00	321
立体几何(第2版)	2016-04	38.00	629
解三角形	即将出版		323
直线与圆(第2版)	2016-11	38.00	631
圆锥曲线(第2版)	2016-09	48.00	632
解题通法(一)	2014-07	38.00	326
解题通法(二)	2014-07	38.00	327
解题通法(三)	2014-05	38.00	328
概率与统计	2014-01	28.00	329
信息迁移与算法	即将出版		330
IMO 50年.第1卷(1959-1963)	2014-11	28.00	377
IMO 50年.第2卷(1964-1968)	2014-11	28.00	378
IMO 50年.第3卷(1969-1973)	2014-09	28.00	379
IMO 50年.第4卷(1974-1978)	2016-04	38.00	380
IMO 50年.第5卷(1979-1984)	2015-04	38.00	381
IMO 50年.第6卷(1985-1989)	2015-04	58.00	382
IMO 50年.第7卷(1990-1994)	2016-01	48.00	383
IMO 50年.第8卷(1995-1999)	2016-06	38.00	384
IMO 50年.第9卷(2000-2004)	2015-04	58.00	385
IMO 50年.第10卷(2005-2009)	2016-01	48.00	386
IMO 50年.第11卷(2010-2015)	2017-03	48.00	646

刘培杰数学工作室
已出版(即将出版)图书目录——初等数学

书　名	出版时间	定　价	编号
数学反思(2006—2007)	即将出版		915
数学反思(2008—2009)	2019—01	68.00	917
数学反思(2010—2011)	2018—05	58.00	916
数学反思(2012—2013)	2019—01	58.00	918
数学反思(2014—2015)	2019—03	78.00	919
历届美国大学生数学竞赛试题集.第一卷(1938—1949)	2015—01	28.00	397
历届美国大学生数学竞赛试题集.第二卷(1950—1959)	2015—01	28.00	398
历届美国大学生数学竞赛试题集.第三卷(1960—1969)	2015—01	28.00	399
历届美国大学生数学竞赛试题集.第四卷(1970—1979)	2015—01	18.00	400
历届美国大学生数学竞赛试题集.第五卷(1980—1989)	2015—01	28.00	401
历届美国大学生数学竞赛试题集.第六卷(1990—1999)	2015—01	28.00	402
历届美国大学生数学竞赛试题集.第七卷(2000—2009)	2015—08	18.00	403
历届美国大学生数学竞赛试题集.第八卷(2010—2012)	2015—01	18.00	404
新课标高考数学创新题解题诀窍:总论	2014—09	28.00	372
新课标高考数学创新题解题诀窍:必修1～5分册	2014—08	38.00	373
新课标高考数学创新题解题诀窍:选修2—1,2—2,1—1,1—2分册	2014—09	38.00	374
新课标高考数学创新题解题诀窍:选修2—3,4—4,4—5分册	2014—09	18.00	375
全国重点大学自主招生英文数学试题全攻略:词汇卷	2015—07	48.00	410
全国重点大学自主招生英文数学试题全攻略:概念卷	2015—01	28.00	411
全国重点大学自主招生英文数学试题全攻略:文章选读卷(上)	2016—09	38.00	412
全国重点大学自主招生英文数学试题全攻略:文章选读卷(下)	2017—01	58.00	413
全国重点大学自主招生英文数学试题全攻略:试题卷	2015—07	38.00	414
全国重点大学自主招生英文数学试题全攻略:名著欣赏卷	2017—03	48.00	415
劳埃德数学趣题大全.题目卷.1:英文	2016—01	18.00	516
劳埃德数学趣题大全.题目卷.2:英文	2016—01	18.00	517
劳埃德数学趣题大全.题目卷.3:英文	2016—01	18.00	518
劳埃德数学趣题大全.题目卷.4:英文	2016—01	18.00	519
劳埃德数学趣题大全.题目卷.5:英文	2016—01	18.00	520
劳埃德数学趣题大全.答案卷:英文	2016—01	18.00	521
李成章教练奥数笔记.第1卷	2016—01	48.00	522
李成章教练奥数笔记.第2卷	2016—01	48.00	523
李成章教练奥数笔记.第3卷	2016—01	38.00	524
李成章教练奥数笔记.第4卷	2016—01	38.00	525
李成章教练奥数笔记.第5卷	2016—01	38.00	526
李成章教练奥数笔记.第6卷	2016—01	38.00	527
李成章教练奥数笔记.第7卷	2016—01	38.00	528
李成章教练奥数笔记.第8卷	2016—01	48.00	529
李成章教练奥数笔记.第9卷	2016—01	28.00	530

刘培杰数学工作室
已出版(即将出版)图书目录——初等数学

书　　名	出版时间	定　价	编号
第19～23届"希望杯"全国数学邀请赛试题审题要津详细评注(初一版)	2014—03	28.00	333
第19～23届"希望杯"全国数学邀请赛试题审题要津详细评注(初二、初三版)	2014—03	38.00	334
第19～23届"希望杯"全国数学邀请赛试题审题要津详细评注(高一版)	2014—03	28.00	335
第19～23届"希望杯"全国数学邀请赛试题审题要津详细评注(高二版)	2014—03	38.00	336
第19～25届"希望杯"全国数学邀请赛试题审题要津详细评注(初一版)	2015—01	38.00	416
第19～25届"希望杯"全国数学邀请赛试题审题要津详细评注(初二、初三版)	2015—01	58.00	417
第19～25届"希望杯"全国数学邀请赛试题审题要津详细评注(高一版)	2015—01	48.00	418
第19～25届"希望杯"全国数学邀请赛试题审题要津详细评注(高二版)	2015—01	48.00	419
物理奥林匹克竞赛大题典——力学卷	2014—11	48.00	405
物理奥林匹克竞赛大题典——热学卷	2014—04	28.00	339
物理奥林匹克竞赛大题典——电磁学卷	2015—07	48.00	406
物理奥林匹克竞赛大题典——光学与近代物理卷	2014—06	28.00	345
历届中国东南地区数学奥林匹克试题集(2004～2012)	2014—06	18.00	346
历届中国西部地区数学奥林匹克试题集(2001～2012)	2014—07	18.00	347
历届中国女子数学奥林匹克试题集(2002～2012)	2014—08	18.00	348
数学奥林匹克在中国	2014—06	98.00	344
数学奥林匹克问题集	2014—01	38.00	267
数学奥林匹克不等式散论	2010—06	38.00	124
数学奥林匹克不等式欣赏	2011—09	38.00	138
数学奥林匹克超级题库(初中卷上)	2010—01	58.00	66
数学奥林匹克不等式证明方法和技巧(上、下)	2011—08	158.00	134,135
他们学什么:原民主德国中学数学课本	2016—09	38.00	658
他们学什么:英国中学数学课本	2016—09	38.00	659
他们学什么:法国中学数学课本.1	2016—09	38.00	660
他们学什么:法国中学数学课本.2	2016—09	28.00	661
他们学什么:法国中学数学课本.3	2016—09	38.00	662
他们学什么:苏联中学数学课本	2016—09	28.00	679
高中数学题典——集合与简易逻辑·函数	2016—07	48.00	647
高中数学题典——导数	2016—07	48.00	648
高中数学题典——三角函数·平面向量	2016—07	48.00	649
高中数学题典——数列	2016—07	58.00	650
高中数学题典——不等式·推理与证明	2016—07	38.00	651
高中数学题典——立体几何	2016—07	48.00	652
高中数学题典——平面解析几何	2016—07	78.00	653
高中数学题典——计数原理·统计·概率·复数	2016—07	48.00	654
高中数学题典——算法·平面几何·初等数论·组合数学·其他	2016—07	68.00	655

刘培杰数学工作室
已出版（即将出版）图书目录——初等数学

书　名	出版时间	定　价	编号
台湾地区奥林匹克数学竞赛试题.小学一年级	2017—03	38.00	722
台湾地区奥林匹克数学竞赛试题.小学二年级	2017—03	38.00	723
台湾地区奥林匹克数学竞赛试题.小学三年级	2017—03	38.00	724
台湾地区奥林匹克数学竞赛试题.小学四年级	2017—03	38.00	725
台湾地区奥林匹克数学竞赛试题.小学五年级	2017—03	38.00	726
台湾地区奥林匹克数学竞赛试题.小学六年级	2017—03	38.00	727
台湾地区奥林匹克数学竞赛试题.初中一年级	2017—03	38.00	728
台湾地区奥林匹克数学竞赛试题.初中二年级	2017—03	38.00	729
台湾地区奥林匹克数学竞赛试题.初中三年级	2017—03	28.00	730
不等式证题法	2017—04	28.00	747
平面几何培优教程	即将出版		748
奥数鼎级培优教程.高一分册	2018—09	88.00	749
奥数鼎级培优教程.高二分册.上	2018—04	68.00	750
奥数鼎级培优教程.高二分册.下	2018—04	68.00	751
高中数学竞赛冲刺宝典	2019—04	68.00	883
初中尖子生数学超级题典.实数	2017—07	58.00	792
初中尖子生数学超级题典.式、方程与不等式	2017—08	58.00	793
初中尖子生数学超级题典.圆、面积	2017—08	38.00	794
初中尖子生数学超级题典.函数、逻辑推理	2017—08	48.00	795
初中尖子生数学超级题典.角、线段、三角形与多边形	2017—07	58.00	796
数学王子——高斯	2018—01	48.00	858
坎坷奇星——阿贝尔	2018—01	48.00	859
闪烁奇星——伽罗瓦	2018—01	58.00	860
无穷统帅——康托尔	2018—01	48.00	861
科学公主——柯瓦列夫斯卡娅	2018—01	48.00	862
抽象代数之母——埃米·诺特	2018—01	48.00	863
电脑先驱——图灵	2018—01	58.00	864
昔日神童——维纳	2018—01	48.00	865
数坛怪侠——爱尔特希	2018—01	68.00	866
当代世界中的数学.数学思想与数学基础	2019—01	38.00	892
当代世界中的数学.数学问题	2019—01	38.00	893
当代世界中的数学.应用数学与数学应用	2019—01	38.00	894
当代世界中的数学.数学王国的新疆域（一）	2019—01	38.00	895
当代世界中的数学.数学王国的新疆域（二）	2019—01	38.00	896
当代世界中的数学.数林撷英（一）	2019—01	38.00	897
当代世界中的数学.数林撷英（二）	2019—01	48.00	898
当代世界中的数学.数学之路	2019—01	38.00	899

刘培杰数学工作室
已出版(即将出版)图书目录——初等数学

书　　名	出版时间	定　价	编号
105个代数问题:来自AwesomeMath夏季课程	2019-02	58.00	956
106个几何问题:来自AwesomeMath夏季课程	即将出版		957
107个几何问题:来自AwesomeMath全年课程	即将出版		958
108个代数问题:来自AwesomeMath全年课程	2019-01	68.00	959
109个不等式:来自AwesomeMath夏季课程	2019-04	58.00	960
国际数学奥林匹克中的110个几何问题	即将出版		961
111个代数和数论问题	2019-05	58.00	962
112个组合问题:来自AwesomeMath夏季课程	2019-05	58.00	963
113个几何不等式:来自AwesomeMath夏季课程	即将出版		964
114个指数和对数问题:来自AwesomeMath夏季课程	即将出版		965
115个三角问题:来自AwesomeMath夏季课程	即将出版		966
116个代数不等式:来自AwesomeMath全年课程	2019-04	58.00	967
紫色彗星国际数学竞赛试题	2019-02	58.00	999
澳大利亚中学数学竞赛试题及解答(初级卷)1978~1984	2019-02	28.00	1002
澳大利亚中学数学竞赛试题及解答(初级卷)1985~1991	2019-02	28.00	1003
澳大利亚中学数学竞赛试题及解答(初级卷)1992~1998	2019-02	28.00	1004
澳大利亚中学数学竞赛试题及解答(初级卷)1999~2005	2019-02	28.00	1005
澳大利亚中学数学竞赛试题及解答(中级卷)1978~1984	2019-03	28.00	1006
澳大利亚中学数学竞赛试题及解答(中级卷)1985~1991	2019-03	28.00	1007
澳大利亚中学数学竞赛试题及解答(中级卷)1992~1998	2019-03	28.00	1008
澳大利亚中学数学竞赛试题及解答(中级卷)1999~2005	2019-03	28.00	1009
澳大利亚中学数学竞赛试题及解答(高级卷)1978~1984	即将出版		1010
澳大利亚中学数学竞赛试题及解答(高级卷)1985~1991	即将出版		1011
澳大利亚中学数学竞赛试题及解答(高级卷)1992~1998	即将出版		1012
澳大利亚中学数学竞赛试题及解答(高级卷)1999~2005	即将出版		1013
天才中小学生智力测验题.第一卷	2019-03	38.00	1026
天才中小学生智力测验题.第二卷	2019-03	38.00	1027
天才中小学生智力测验题.第三卷	2019-03	38.00	1028
天才中小学生智力测验题.第四卷	2019-03	38.00	1029
天才中小学生智力测验题.第五卷	2019-03	38.00	1030
天才中小学生智力测验题.第六卷	2019-03	38.00	1031
天才中小学生智力测验题.第七卷	2019-03	38.00	1032
天才中小学生智力测验题.第八卷	2019-03	38.00	1033
天才中小学生智力测验题.第九卷	2019-03	38.00	1034
天才中小学生智力测验题.第十卷	2019-03	38.00	1035
天才中小学生智力测验题.第十一卷	2019-03	38.00	1036
天才中小学生智力测验题.第十二卷	2019-03	38.00	1037
天才中小学生智力测验题.第十三卷	2019-03	38.00	1038

刘培杰数学工作室
已出版(即将出版)图书目录——初等数学

书 名	出版时间	定 价	编号
重点大学自主招生数学备考全书:函数	即将出版		1047
重点大学自主招生数学备考全书:导数	即将出版		1048
重点大学自主招生数学备考全书:数列与不等式	即将出版		1049
重点大学自主招生数学备考全书:三角函数与平面向量	即将出版		1050
重点大学自主招生数学备考全书:平面解析几何	即将出版		1051
重点大学自主招生数学备考全书:立体几何与平面几何	即将出版		1052
重点大学自主招生数学备考全书:排列组合.概率统计.复数	即将出版		1053
重点大学自主招生数学备考全书:初等数论与组合数学	即将出版		1054
重点大学自主招生数学备考全书:重点大学自主招生真题.上	2019—04	68.00	1055
重点大学自主招生数学备考全书:重点大学自主招生真题.下	2019—04	58.00	1056

联系地址:哈尔滨市南岗区复华四道街 10 号　哈尔滨工业大学出版社刘培杰数学工作室
网　　址:http://lpj.hit.edu.cn/
邮　　编:150006
联系电话:0451—86281378　　13904613167
E-mail:lpj1378@163.com